U0200959

财富自由：
思维、方法和道路

连山 \ 著

中国华侨出版社

北京

图书在版编目（CIP）数据

财富自由：思维、方法和道路 / 连山著 . —北京：
中国华侨出版社，2019.7

ISBN 978-7-5113-7925-2

Ⅰ . ①财… Ⅱ . ①连… Ⅲ . ①财务管理 – 基本知识
Ⅳ . ① TS976.15

中国版本图书馆 CIP 数据核字（2019）第 145476 号

财富自由：思维、方法和道路

著　　者 / 连　山
责任编辑 / 刘雪涛
封面设计 / 韩立强
文字编辑 / 胡宝林
美术编辑 / 张　诚
经　　销 / 新华书店
开　　本 / 880mm×1230mm　1/32　印张：8　字数：220 千字
印　　刷 / 三河市恒升印装有限公司
版　　次 / 2019 年 11 月第 1 版　　2019 年 11 月第 1 次印刷
书　　号 / ISBN 978-7-5113-7925-2
定　　价 / 38.00 元

中国华侨出版社　北京市朝阳区静安里 26 号通成达大厦 3 层　邮编：100028
法律顾问：陈鹰律师事务所
发 行 部：（010）64443051　　　传　　真：（010）64439708
网　　址：www.oveaschin.com　　　E－mail：oveaschin@sina.com

如果发现印装质量问题，影响阅读，请与印刷厂联系调换。

　　现实生活中，我们经常听到一些人为自己没钱找借口，抱怨命运的不公。其实，这是人的通病。他们从来没有考虑过，他们之所以穷，就穷在思维上。思维的贫穷导致行动的落后，行动的落后导致生活的贫穷。

　　世界上有许多有才华的人。他们读完大学读硕士，读完硕士读博士，甚至还要出国深造，考各种各样的证书，以期在毕业的时候能找到一家好的雇主，得到一份高薪。在他们的思维中，从来就没有想过要开创自己的事业，结果，博士、硕士给高中生老板打工的现象时有发生。因此，如果不改变你的思维，即使你学到再多的知识，考再多的证书，你依然是一个打工仔。

　　有这样一则故事：

　　古巴比伦城里有个青年叫纳胡拉，他生在一个奴隶家庭，从出生起就一直过着贫穷的生活，饥一顿，饱一顿。一直到他 20 岁那年，在他的思维中他一直认为他的职责就是替富人们劳动，赚取一点点食品度日。他干活十分卖力，比所有的奴隶都出色，但依然像其他奴隶一样，过着贫苦的生活。尽管生活十分贫穷，纳胡拉却有一颗善良的心，他经常很热情地帮助他周围的穷人。

　　他的善行感动了神灵，神灵决定告诉他致富的天机。一天晚上，当他干完一天的活，疲惫地躺在床上休息的时候，天神来到他的窗前，告诉他致富的秘诀。

纳胡拉整夜都没有睡着，神灵为他注入的致富思维产生了作用，纳胡拉忽然对现实感到极度的失望和不满，他在月光下苦苦思考如何致富，变成巴比伦城里的大富翁。经过 10 年的努力，历经坎坷的纳胡拉终于成为一个拥有 10 万金币的富人。

这个故事虽然简短，却很有哲理，纳胡拉如果没有致富的思维，他可能一辈子都是一个可怜的奴隶。只要改变思维，一无所有的奴隶也能成为富翁。

很多人看到比尔·盖茨、李嘉诚等人的财富都很艳羡，梦想着有朝一日能够像他们一样家财万贯。其实，要获得财富自由也不是没有可能。这是一个创造奇迹的时代，人人生来都是平等的，没有高低贵贱之分。比尔·盖茨、李嘉诚起初也是穷人，但他们通过不懈的努力成为万人景仰的富翁，他们致富的秘诀是什么呢？答案就是思维，他们时刻都像富人那样思考、行动，最终通过不懈的努力，他们实现了自己人生的辉煌。康有为在"维新变法"运动中曾提出"穷则变，变则通，通则久"，因此，贫穷并不可怕。从某种意义上来说，贫穷是一种资源，贫穷是一种力量，更是一种财富，关键在于你要改变自己的贫穷思维，接受富有的思维，你就会像富人一样思考，像富人一样行动，最终你也可以获得财富自由。

本书全面介绍了获得财富自由的思维、方法和道路，并和普通人的思维进行深入比较，启迪读者运用自己的财商和创造性思维，去进行投资和创业，寻找和把握机遇，使赚钱成为一种习惯，像一个富翁一样思考和行动，最终获得财富自由。

第一章

制定财富蓝图:财富始于雄心

第二章

改变财富观念:成功者想的和你不一样

第三章

重建财富逻辑:脑袋决定口袋，财商决定财富

—

第四章

活用财富定律:超级富豪都在用的黄金法则

—

第五章
掌握财富炼金术：世界投资大师的创富秘诀

第六章
激发财富灵感:小创意，大财富

—

第七章
建立财富管道：拥有源源不断的收入来源

—

第八章
利用财富雪坡:让雪球自动越滚越大

—

制定财富蓝图:
财富始于雄心

相信梦想的力量

人活在世界上，不能没有梦想。

有一则很发人深省的童话故事，讲的是：有一条毛毛虫一直朝着太阳升起的方向缓慢地爬行。在前行的路上，毛毛虫遇到了一只蝗虫。蝗虫问它："你要去哪儿？"毛毛虫一边爬一边回答："我昨晚做了一个梦，梦见我在大山顶上看到了整个山谷。我想要将梦中看到的情景变成现实。"蝗虫很惊讶地说："你脑子进水了？你只是一条毛毛虫啊！一块石头对你来说就是高山，一个水坑就是大海，你怎么可能到达那个地方？"

但毛毛虫根本没有理会蝗虫的话，挪动着小小的躯体继续前进。后来，蜘蛛、鼹鼠和花朵也都以同样的口吻劝毛毛虫放弃这个打算，但毛毛虫始终坚持着向前爬行。终于，毛毛虫筋疲力尽了，它用自己仅有的一点力气建成了休息的小窝——蛹。最后，毛毛虫"死"了，所有的动物都跑来瞻仰它的遗体和那个被称作"梦想者纪念碑"的蛹。

一天，动物们再次聚集在这里。突然，大家惊奇地发现那个蛹开始裂开，从里面飞出一只美丽的蝴蝶。美丽的蝴蝶随着清风吹拂，翩翩飞到了大山顶上。重生的毛毛虫终于实现了自己的梦想……

很多人往往会对这个童话嗤之以鼻："都是骗小孩子的！""人穷哪有资格谈梦想？"在梦想面前，很多人是无奈的。他们为了生计整日奔波，哪有精力去勾画自己的梦想？经济基础决定上层建筑，没有强大的财力做后盾，任何理想都显得那么虚无缥缈，如空中楼阁。事实上，大多数人对"实现梦想"表现得麻木不仁。他们遭遇过太多的失败，那种被称为"梦想的力量"的东西，似乎毫无能力在自己身上培养出来。

很多人认为世界对自己不公平，没有良好的发展基础和发展机遇。于是对于自己未来的道路，他们用悲观消极的态度来审视，对于自己所处的环境，总是满腹牢骚。看不到自己发展的道路，更不敢向前迈步。对任何事情都充满了怀疑，包括整个时代、人生以及自己。在他们的眼里就没有什么事情"可行"，总认为自己是天下最倒霉的人，于是在愤怒和绝望中白白浪费掉了自己的时间和精力。

人最常犯的错误，就是"骑驴找驴"，总是在自身之外去寻找本来存在于自身之内的东西。总抱怨环境，他们不知道成功的潜能也潜伏在自己的体内。富人把这种潜能称为取得成功的心态或是"对成功的向往"。我们所看见的他们的成功，其实是这种成功心态的外在表现。贫穷的人恰恰没有这种心态，他们有理由抱怨一辈子，但是等待他们的只能是失败和不幸。

梦想是一种动力，不管是大还是小。贫穷的人不相信梦想，还常常嘲笑微小的理想。其实微小的理想有时候就是一棵柔弱的小树苗，即使真的很微小很可笑，你可以嘲笑它的现在，但不能嘲笑它的将来，因为它有足够多的时间可以长为参天大树。在现实生活中，许多伟大的梦想往往立足于微小的理想。"童话大王"郑渊洁只有小学文化，他从来没有想过自己要当全国知名的作家，很长一段时间他最大的愿望只是想再发表一篇文章；比尔·盖茨最初的梦想不是想当世界首富，他只不过想从事自己喜欢的电脑行业并能有所建树。但现在，他们当初的梦想已经从一颗种子发展成了一片森林，郑渊洁笔下的舒克、贝塔等人物帮他建立了灿烂的童话王国，而比尔·盖茨更是缔造了属于自己的财富神话。

很多人也有过梦想，但他们发现自己的梦想和现实有太大的距离。事实上，世上绝大多数人的梦想都会被现实的铁锤一次次无情地击碎。但在梦想破碎之后，失败的人没有像富人那样越挫越勇，而是选择逐渐降低梦想。

上学的时候，他们曾信誓旦旦地说一定要成为比尔·盖茨，要成为世界上最有钱的人；当参加工作以后，发现成为世界首富太困难了，于是就觉得成为中国的首富也不赖；但是在工作岗位上打拼了几年以后觉得成为中国首富也不容易，于是再降低梦想，想成为本省的首富，再后来说要么成为家乡的首富吧，实在不行成为单位的首富也好……到了最后，想的是千万别把工作丢了，能挣多少算多少。

降低梦想，最后会变得没有梦想；没有梦想，可能就会变成不可能。

富人的梦想也会遭受打击，但他们永不抱怨，依然坚定自己的理想，永不放弃。有了梦想，才能把不可能变成可能。

美国著名影星、加利福尼亚州前州长阿诺德·施瓦辛格曾经在清华大学进行了一次演讲，他演讲的主题为"坚持梦想"，精彩的演讲引起了清华学子们的强烈反响。

施瓦辛格说，自己小时候体弱多病，后来竟然喜欢上了健美。最初很多人都嘲讽他和质疑他，但他经过苦练，铸就了一副强壮的身板，并多次赢得了世界级健美比赛的冠军。在随后的从影、从政过程中，外界的质疑也从未中断过，可他没有动摇，最后还是将梦想一个个地变成了现实。

"你们应该走出去，为学校，为国家，为世界大胆地实现自己的梦想！"施瓦辛格说，"不管你有没有钱或工作，不管你是否受过短暂的挫折和失败，只要你坚持自己的梦想，就一定会成功！"

富人相信"梦想的力量"，并不断努力追逐自己的梦想，最终走向成功。如果你明白自己体内梦想的运行机制和活动能力，无论你是谁，都可以最终克服横阻在成功道路上的各种障碍，最终获得你想得到的一切。

安子，曾是深圳流水线上的一个打工妹，经过20多年的奋斗，从打工妹变成作家、企业家，又从作家、企业家转变为激励导师，成为深圳极具传奇色彩的人物。她曾在创业论坛上分享其成功心得："影响我人生最大的就是梦想的力量！"

安子刚来到深圳的时候，只是在一个非常普通的电子厂做插件工，每天要工作12～16个小时。在电子厂工作了4个多月，她看到一个个普通的打工仔、打工妹，像一棵棵小草一样渺小，有时还被别人践踏。安子不甘心做一个渺小的人，她在日记里写了一句话："我要让自己的生命与众不同，我要通过自己的努力来成就我自己的人生！"

安子只有初中文化。于是她开始参加初、高中班的培训，接着在 1988 年考上了深圳大学，1999 年开始攻读研究生，2004 年终于拿到研究生的文凭。这个过程中，工作照样做，写作继续写，学业一天也没有放弃。她能做到这些，就是源于自己心中的梦想！她被评为第三届中国十大新闻人物之一，中国改革开放 20 年的 20 个历史风云人物之一，深圳十大杰出青年。现在她常用自己的奋斗故事和人生理念，激励青年朋友为实现梦想不断努力奋斗。

成功学大师拿破仑·希尔说："一切的成就，一切的财富，都始于一个意念。"一个人要摆脱贫穷，先要敢想。在没有电灯之前，全世界的人都在用煤油灯和蜡烛来照明。有一天，一个美国人看到电流在通过金属丝时会发亮，他就想能不能让电流通过金属丝时，金属丝既不被烧断，又能够长时间发亮。经过数千次实验失败后，最后终于取得了成功，电灯由此诞生。这个美国人就是爱迪生。不仅仅是电灯，指南针、火药、汽车、飞机、因特网等，都是世上本来并没有的，都是先由人们想出来，然后去做才得以服务于人类。

敢想，更要敢干。天上永远不会掉馅饼，只有自己奋斗，才能得到又大又香的馅饼。成功者始终对自己的未来持有梦想，同时他们忠于现实，能踏实地走好自己的每一步，敢想敢干，不会在自己的人生旅途上迷失自我。

本田汽车公司的创始人本田宗一郎从小家境贫困。由于父亲是铁匠，有时还兼修自行车，在耳濡目染中，他对机车产生了浓厚的兴趣。他回忆道："我第一次看到一部机车时，深深地受到震动，忘了一切地追在它后面。虽然我只是个小孩子，但在那个时候，就梦想着有一天我要自己制造一部机车……"

20 世纪 50 年代初期，机车行业竞争激烈，但 5 年内，他却成功地击败了机车行业里的 250 位对手。他"梦想"中的机车在 1950 年推出，他终于实现了儿时的梦想。1955 年，他在日本推出"超级绵羊"系列产品，并于 1957 年在美国推出。不同凡响的产品，加上创意新颖的广告口号"好人骑本田"，使得本田机车成为畅销产品，也给已经奄奄一息的机车行业注射了一针兴奋剂。到了 1963 年，本田机车在市场上大败美国的哈雷机车公司，成了机车工业里主要的力量。

从现在开始，给自己造个"梦"。哪怕这个梦想一开始比较微小或是琐碎。但只要你敢想，并为之奋斗，致富就不再只是一个梦！

要有把格局做大的雄心

为什么富人的事业能够越做越大，而穷人却难有大的作为，一辈子只停留在原地？难道真的是因为他们的命不同？当然不是！穷人之所以一直挣扎在旧有的水平线上，而不能像富人那样取得大的成就，关键还是在于他们没有大的抱负和雄心。

井植岁男是日本三洋电机的创始人，是一个白手起家的富翁。有一天，他家的园艺设计师向他请教："社长先生，我真是羡慕您。您的事业越做越大，光是家里的花园就比普通人家的房子大好几倍。您就像一棵大树，而我却像树上的蝉，一生都坐在树干上，太没出息了。您能教我一点创业的秘诀吗？"

井植听完点点头说："行！我看你在园艺方面很有才华，比较适合园艺工作。这样吧，在我工厂旁有 2 万坪空地，我们来合作种树苗吧！你知道现在一棵树苗多少钱吗？"

"大概 40 日元吧。"园艺师回答道。

井植低头盘算了一下，说道："如果以一坪种 2 棵树苗计算，扣除道路用地，2 万坪大约能种 25000 棵树苗，那么成本刚好是 100 万日元。3 年之后，树苗应该长得和人差不多高了，这时一棵树大概能卖多少钱呢？""大约 300 日元。"

"太好了！100 万日元的树苗成本与肥料费由我支付，你负责除草和施肥工作就行了。3 年后，我们就可以收入 600 多万日元的利润。到时候我们每人一半。"井植认真地说。

听到这里，园艺设计师连连摇头。井植问道："分到一半的利润还不够吗？"园艺师连忙解释："不不不，我根本没做过这么大的生意啊！600 万，我想都不敢想，我看还是算了吧！"

最后，这个园艺设计师每天还是在井植家整理着花园，按月领取着对他来说还算"丰厚"的工资。

现实中有很多人目光短浅、胸无大志，他们或许有致富的愿望，或许也取得了一点成绩，但是他们没有更加强大的雄心，所以在面对真正的大事业时，就会畏首畏尾、止步不前。雄心不够大，就算真的被推上了皇位，也不敢称帝，这也是他们永远都只是个"小人物"的原因。

"一亩田地一头牛，老婆孩子热炕头。"这恐怕是很多人的普遍愿望。人很容易满足，只要达到了旱涝保收、吃饱喝足略有结余的目标，就会不思进取，开始琢磨如何享受，而不懂得把结余投入到扩大再生产中。

我们常常可以听到有人这么说："赚了不少钱了，享享清福吧。""终于有了自己的店铺了，此生足矣！"在报纸上也常有这样的报道：某山村的农民凭着辛勤的劳动，办起了自己的养殖场，盖起了自己的二层小楼，但是他没有做大做强的想法，生活一有了点起色就开始混日子，结果养殖场倒闭，红红火火的日子持续了没几年，就又黯淡下去了。他的眼界就在这一亩三分地上，所以人生永远跳不出这个狭小的圈子，即使有很好的致富机遇，也会白白浪费掉。

"小富即安"的保守思想让人不思进取，而这种思想对于一个企业更是致命的。市场环境复杂多变，一招不慎企业就会灰飞烟灭。商界从来没有一劳永逸的生意，只有永远的竞争和征战，你不把自己做大做强，别人就会在转瞬之间将你取代。

有一个商人，他从 20 世纪 80 年代起就开始了打拼，在广州开了一家彩印公司。那个时候，广东这片热土的经济正在快速发展，这家企业可谓占尽了天时地利。后来，这位商人从香港引进了两台二手的三色印刷机，这在当时是非常先进的设备。随着三色印刷机的运行，彩印公司的订单和利润也开始飞速增多。

过了几年，在企业的年产值接近 6000 万时，生产达到了饱和状态。这时，公司的一些员工和客户都要求老板购买更好的设备，并扩大生产规模。但是眼下的成果早已让这个商人满足，况且购买一台新机器要上百万，所以他犹豫再三，最终没有更新设备，也没有扩大公司规模。一年之间，印刷效果更好、效率和产值更高的彩印机械相继问世，各种彩印公司也如雨后春笋般出现，他的企业在不到 5 年时间内便慢慢地萎缩，最后破产了。

在《三国演义》中，曹操有这么一句话："人无大志，日后必受制于人。"在竞争如此激烈的现代社会也很适用，如果你没有大的抱负，而是固守着自己的小成绩，那么很快就会被淘汰。有的人害怕自己做大之后成为众矢之的，不想付出更多的心血和努力，所以他们竭力抑制着自己的欲望和雄心，消磨着自己的意志。而那些时刻追求财富的人则渴望突破自我，愿意接受各种挑战。他们不满足于"小富"，而是放宽自己的眼界，寻求自己的不足之处，然后努力将企业的格局做大。

李嘉诚发家的基础是投资塑胶业。当年，他的长江实业开拓创新，成了香港塑胶行业的龙头老大。在一般人眼中，李嘉诚已经取得了令人瞩目的成绩，而且他在塑胶行业轻车熟路，如果在这一领域中安安稳稳地经营下去，想必无人能够撼动他的地位。然而李嘉诚清醒地认识到，世间万事万物都有盛衰的定律，只有看清世界大市场的发展趋势，开拓自己的领域，才能真正立于不败之地。

有一天，李嘉诚驱车去拜访一位友人，偶然看到了原野上一些建筑工人正忙忙碌碌地盖房子。他不由得豁然开朗，一下子意识到房地产是一个前景光明的产业。他回到公司后进行深入研究，发现香港长期闹房荒，房屋的增加量总是跟不上需求量。一方面由于香港人口大幅度增长，住宅需求量大增；另一方面由于香港经济飞速发展，急需大量的写字楼、商业铺位和厂房。所以经过了长时间的准备，李嘉诚决定挺进地产业。

1958 年，李嘉诚在繁华的工业区北角购地，兴建了一幢

12 层的工业大厦；1960 年，他又在新兴工业区柴湾兴建工业大厦……从此，李嘉诚在地产界一发不可收拾。通过这一系列投资，李嘉诚的事业迅速走向辉煌，到如今，长江实业已涉足房地产代理及管理、港口及相关服务、电讯、零售、能源、电子商贸、媒体及生命科技等众多领域。

眼睛仅盯在自己小口袋的是小商小贩，眼光放在世界大市场的才是大企业家。有句话说得好："财富源于梦想，雄心创造奇迹。"富人之所以越来越富，就是因为他们有着强大的雄心。雄心使得他们不满足于小打小闹，而是能够坚持不懈地朝着更大的理想迈进。从某种意义上讲，雄心就是奇迹燃烧的火种，是辉煌人生的原动力。

在富人眼里，世上只有不敢想的事，没有干不成的事。只要你有将格局做大的雄心，并付诸行动，就可以从庸庸碌碌的普通人变身成为卓越的成功者。

英国新闻界的风云人物诺斯克里末勋爵（北岩勋爵），15 岁的时候在一家报社工作。当时他有着人人羡慕的优厚待遇，但是他本人向来不满足于目前的境遇，而是有更大的追求。在强大雄心的驱使下，他一直努力奋斗，终于在 1896 年时成功地创办了《每日邮报》。当然，他的目标不仅仅如此，他希望成为新闻界的翘楚，而在 1908 年，这一梦想最终也得以实现。他得到了《泰晤士报》的控制权，后来又建立了英国最早的报团——北岩报团。

诺斯克里末勋爵一直看不起没有雄心的人，他曾对一个工作刚满 3 个月的助理编辑说："你觉得每周 50 英镑的薪水怎么样？你满意目前的职位吗？"那位编辑一副很知足的神情："我很满意我现在的状况。"诺斯克里末听了之后马上把他开除了，并失望地说："我不希望我的手下得了这么点薪水就感到满足。他应该是一个拥有强大的事业心，并能使自己的事业不断壮大的人。"

对现状心满意足，是一种消极的人生态度。如果你错误地认为，现在所拥有的将来一定还会拥有，目前的美好将来会一如既往地保持，那么你迈向成功的步伐便会停止，你永远也成不了富人。拿破仑说过："不想当将军的士兵不是好士兵。"只有树立更加高远的目标，将事业越做越大，时时努力超越自己，才能创造一个更加美好的未来。

没有资本，但要有资本意识

人穷，是因为没有资本。但如果一直都穷，则说明不但没有资本，更没有赚钱的欲望，不懂得利用现有的资源去创造财富。准确地说，他没有资本经营意识。

马克思主义政治经济学告诉我们："所谓资本就是指能够带来剩余价值的价值。"资本是一种稀缺的生产性资源，是形成企业资产和投入生产经营活动的基本要素之一。

那么，对我们个人来说究竟什么是资本呢？在中国，"资本"一词由来已久，其原意是本钱和本金。据《辞源》解释，最早见于元曲"萧得祥杀狗劝夫"——"从亡化了双亲，便思营运寻资本，怎得分文？"在国外，"资本"一词来自拉丁文，其意初为人的"主要财产""主要款项"。它最早出现于 15 世纪和 16 世纪，由意大利人提出，其"资本"概念是指可以凭借营利、生息的钱财，资本的基本性质是价值的最大化。

简单地理解，资本就是可以用来赚钱的本金。当然这个本金并不一定是货币，它也可以是其他的可以转化为货币的物质或资源。

其实，很多人并非真的一无所有，但即使有多少资源他们也不会有效利用，不知道把资源变成资本，因为他们没有这个意识，只会享用资源，而不会利用资源。

浙商被誉为中国的犹太人，华商的代表。有人说，浙江人，如果他有300元钱，他就不会去挣每个月600元的工资。他宁愿自己投资当老板，哪怕是去摆地摊，受苦受累。这也就可以明白为什么浙江人致富的速度要比全国总体的速度快了，因为他们有强烈的资本意识，他们的观念已经转变过来了。浙江的小商品制造业非常活跃，有人就靠几百元的资金起步，去做打火机、指甲刀一类的小玩意。但就这样，人家愣是把小东西做出了大品牌，成了身家千万甚至资产过亿的老板。温州的商人更是把生意做到了全世界，而且到哪儿都能火起来。

没有资本就穷，这是一个非常客观的问题，但更重要的是没有经营资本的意识，这才是根本原因。

当钱好像流浪的狗时，钱的主人就像狗一样流浪。只要你不是穷到没有饭吃的地步（现在穷得没饭吃的人已经太少了），你就要学会管理你有限的钱，让钱生钱，一元变两元，两元变三元，一旦你找到了赚钱的方式，它就会以几何倍增的方式放量递增。这样，再少的本钱也会膨胀起来。千万不要让你仅有的一点钱去流浪，无端地闲置或慢慢被消耗掉。否则，最终你也会流浪，当然这是极端说法。对待钱财，一方面是你要拥有它，另一方面你也要学会经营它，让财富增长，使资本增值。当你拥有的资产本来就很少的时候，这一点就显得尤为关键。

我们常有很多借口：我很穷，钱少，算不上什么资本。其实，人穷不是错，怕就怕不仅没有资本，更没有资本意识，有点儿钱也不把它当资本来用，不能正确地认识所拥有的或者是从外部得到的资源的价值，未能让它们发挥应有的作用。

有个故事，虽然并未直接涉及财富积累，但故事中这头驴子的精神却非常值得身处困境的人们学习。

话说有一天，某个农夫的一头驴子不小心掉进一口枯井里，农夫绞尽脑汁想救出驴子，但几个小时过去了，驴子还在井里痛苦地哀嚎着。

最后，这位农夫决定放弃，他想这头驴子年纪大了，不值得大费周折把它救出来。不过无论如何，这口井还是得填起来。于是农夫便请来左邻右舍帮忙，一起将井中的驴子埋了，以免除它的痛苦。

农夫和邻居们人手一把铲子，开始将泥土铲进枯井中。当这头驴子了解到自己的处境时，刚开始嚎叫得很凄惨。但出人意料的是，一会儿之后这头驴子就安静下来了。农夫好奇地探头往井底一看，眼前的景象令他大吃一惊：当铲进井里的泥土落在驴子的身上时，驴子的反应令人称奇——它将泥土抖落在一旁，然后站到铲进的泥土堆上面！

就这样，驴子将大家铲在它身上的泥土全数抖落在井底，然后再站上去。很快地，这头驴子便上升到井口，然后在众人惊讶的表情中快步跑开了！

这头驴子竟有如此强的"资本意识"！它正是利用了现实条件而得以脱离困境的。很多创富之人的成功轨迹就像这头驴子——把每一分钱都转化为资本垫在自己的脚下，随着资本的扩张，自己也渐渐地变高变大。其实，我们的命运远没有这头驴子悲惨，因为驴子在艰难时候受到的是打击。但驴子在受到打击时，它并没有等死，而是把别人的打击当作自己成功的垫脚石。而人们在身处艰难困苦中时，常常会得到各方面的帮助，但有的人却未必能把别人的帮助转换为自己发展前进的动力。把别人的帮助不当资源，他永远在等待别人的救助，而不是积极地利用现有条件寻求"新生"。

他的钱不是资本，而是供自己随意花销的现金。你可以帮助他维持生活，却很难帮他致富。如果他有 100 元，他首先想到的是买米买面，而不会考虑如何把这 100 元变得更多；他有了 200 元，会立即去买酒买肉，大吃一顿，而不会拿出 100 元来做"投资"，使资本增值；他有 600 元，就会去买件高档的衣服，把自己打扮打扮；如果他有 1000 元的话，他会给自家来个小装修，把家粉饰一番。剩余的钱也不忘去买几注彩票，碰碰运气。这就是，贫穷的思维，贫穷的习惯。他已经习惯了这样的生活，这样的处境，对穷似乎不再反感。有了钱就会花掉，就想去改善生活，享受一把。只想到眼前的生活，没有长远的打算。这样的思想，哪怕给他 500 万，他也能很快花光。他会立马去买车、买房、住大酒店、吃喝玩乐尽力花，过做富人的瘾。但钱只出不进，潇洒的日子过不了多久，还是要回到起点。

只会花钱、不会赚钱的人，永远也不可能成为富人！

富人都具有非常强烈的资本意识，在创富之初，他会尽一切可能去利用资本，想方设法为自己创造和积累资本。李嘉诚开办长江塑胶厂的 7000 美元资金，是在给别人打工期间赚到的，也是省吃俭用省下来的。他完全可以把这些钱用来改善生活，购买自己需要的东西，但他没有这样做。很多富人最开始并没有多少钱。但钱再少，也是资本，也是可以无限膨胀的资金之源。

没有资本不是最可怕的，最可怕的是没有资本意识，更没有认真学习经营和积累资本的方法与技巧。这样一来，就只会在思想上尊崇老板的成功和魅力，行动上对雇主的话语奉若神明。白天认真贯彻践行着《把信带给加西亚》《没有任何借口》这些"职场教材"，晚上为了《穷爸爸，富爸爸》的人生启蒙和梦想而眼眶湿润，但现状并未因此而改变！

今天还在给别人打工、以劳动赚钱的人，明天就成了富人，不是他挣了多少钱，而是他具有很强的资本意识，这才是他最大也是最基础的"资本"。

富人思来年，穷人思眼前。明天的收获取决于今天的投入，不能立即改变物质的拥有量，但可以尽快改变自己的思想认识。只有你改变观念，具有强烈的资本意识，善于发现资本，并且善于利用它们，资本才会不请自来。

树立明确的财富目标

在确立财富目标时通常需要考虑再三，在考虑的过程中，应遵循以下几个原则：

1. 具体量度性原则

如果财富的目标是："我要做个很富有的人""我要发达""我要拥有全世界""我要做李嘉诚第二"……那么可以肯定你很难富起来，因为目标是那么抽象、空泛，而这是极容易移动的目标。要具体可行，比如，要从什么职业做起，要争取达到多少收益，等等。此外，还必须考虑这个目标是否有一半机会成功，如果没有一半机会成功的话，就应该暂时把目标降低，务求它有一半成功的机会，在日后当它成功后再来调高。

2. 具体时间性原则

要完成整个目标，就要定下期限，规定在何时把它完成，要制定完成过程中的每一个步骤，而完成每一个步骤都要定下期限。

3. 具体方向性原则

要做什么事，必须十分明确执着，不可东一榔头西一棒，朝三暮四。如果有一个只有一半机会完成的目标，等于有一半机会失败，当中必然遇到无数的障碍、困难和痛苦，远离或脱离目标路线，所以要确实了解你的目标，必须预料导致在完成目标过程中会遇到什么困难，然后逐一把它详尽记录下来，加以分析、评估风险，把它们依重要性排列出来，与有经验的人研究商讨，把它解决。

制订详细的财富计划表

财富就像一棵树，是从一粒小小的种子长大的，如果在生活中制订一个适合自己的财富计划表，那么财富就依照计划表慢慢地增长，起初是一粒种子，但种子总有一天会长成参天大树。

制订一个财富计划表对自己的财富增长相当重要。在设定财富计划表时，要先弄清楚以下几个问题：

1. 我现在处于怎样的起点？

2. 我将来要达到什么样的制高点？

3. 我所拥有的资源能否使我到达理想目标？

4. 我是否有获取新资源的途径和能力？

弄清以上几个问题后，就能订出明确的目标并设法达到。有了适度的财富目标，并以此目标来主导其获取财富的行动，就可以到达幸福的彼岸。

制订财富计划表是重大财务活动，必须要有目标，没有目标就没有行动、没有动力，盲目行事往往成少败多。在设定财富计划表时应该把需要和可能有机地统一起来，在此过程中，必须要考虑到以下 4 点要素：

1. 了解自己的性格特点

在当前这样一个经济社会中，你必须要根据自己的性格和心理素质，确认自己属于哪一类人。由于性格千差万别，每一个人面对风险的态度是不一样的，概括起来可以分为三种：一种为风险回避型，他们注重安全，避免冒险；一种是风险爱好者，他们热衷于追逐意外的收益，更喜欢冒险；另一种是风险中立者，在预期收益比较确定时，他们可以不计风险，但追求收益的同时又要保证安全。生活中，第一种人占了绝大多数，因为大多数人都害怕失败，只追求稳定。往往是那些勇于冒险的人走在了富裕的前列。

如果你想开启财富的大门，那么就按自己能够承受的风险的大小来选择适合自己的投资对象。

（1）稳重的人投资国债。稳重的人有坚定的目标，讨厌那种变化无常的生活，不愿冒风险，比较适合购买利息较高，但风险极小的国库券。

（2）百折不挠的人搞期货。百折不挠的人不满足于小钱小富，决心在金融大潮中抓住机遇，即使失败了，也不灰心，放长线，闯大浪，不达目的不罢休。

（3）信心坚定的人选择定期储蓄。信心坚定的人在生活中有明确的目标，没有把握的事不干，对社会及朋友也守诺言，不到山穷水尽不改变自我。

（4）脚踏实地的人投资房地产。脚踏实地的人干劲十足，相信自己的未来必须靠自己的艰苦奋斗。他们知道，房地产是长期的，同时也是最赚钱的投资。

（5）井然有序的人投资保险。做事有序的人生活严谨，有板有眼，不期望发财，但求满足眼前，一旦遇到意外，也有生活保证。

（6）审美能力高的人投资收藏。审美能力高的人对时髦的事物不感兴趣，反而对那些稀有而珍贵的东西则爱不释手。

（7）最爱冒风险的人投资股票。爱冒险的人喜欢刺激，把冒风险看成是浪漫生活中的一个重要内容。他们一经决定，就义无反顾地参与炒股活动，甚至终生不渝。

与此同时，每个人都要具备独立思考的能力，这样，就能得心应手地独立投资。当市场喜讯频传，经济报道极为不乐观之时，股市如果没有持续上涨的理由和政策支持，那么就应该考虑出售了。反之，当股市一片卖单，人人都绝望透顶时，一切处于低潮，这时就是投资的良机，你就可以乘虚而入，大胆介入买股，然后长期持有的必有厚利。

2. 知识结构和职业类型

创造财富时首先必须认识自己、了解自己，然后再决定投资。了解自己的同时，一定要弄清自己的知识结构和综合素质。每个人要根据自己的知识结构和职业类型来选择符合自己制造财富的方式：

有的人在房地产市场里如鱼得水，但做股票却处处碰壁；有的人爱好集邮，上手很快，不长时间就小有成就，但对房地产却费了九牛二虎之力，仍找不到窍门。如果受过良好的高等教育，知识层面比较高，又从事比较专业的工作，你大可抓住网络时代的脉搏，在知识经济时代利用你的专才，运用网络工具进行理财。如果你是从事专门艺术的人才，你可充分发挥你的专长，在书画艺术投资领域一展身手，但这是一般外行人难以介入的领地。如果你是一名从事具体工作的普通职员，你也不必灰心，你完全可以从你熟悉的领域入手，寻找适合自身特点的投资工具。相信有一天，你也会成为某一方面的"理财高手"。如果你对股票比较精通、信息比较灵通，且有足够的时间去观察股票和外汇行情，不断地买进、卖出，你就可以将股票和外汇买卖作为投资重点，并可以考虑进行短线投资。如果你是一名职员，上班时间非常严格，又不喜欢天天盯在股市上，你就可以选择证券投资基金。投资基金汇集了众多投资者的资金，由专门的经理人进行投资，风险较小，收益较为稳定。

创造财富是人人都想做的事情，同时也是一门学问，制订一个财富计划表对创造财富相当重要。创富者只能从实际出发，踏踏实实，充分发挥自己的知识，善于利用自我的智慧，这样，才有可能成为一个聪明的创富者。

3. 资本选择的机会成本

在制订财富计划的过程中，考虑了投资风险、知识结构和职业类型等各方面的因素和自身的特点之后，还要注意一些通用的原则，以下便是绝大多数创富者的行动通用原则：

（1）不要把鸡蛋放在同一个篮子里。一般而言，年轻人可能都想在高科技类股或是新兴市场上多下点注，而上了年纪的人则倾向于将钱投到蓝筹股，但理智的做法就是让你的投资组合多样化。

中国有一句古话："东方不亮西方亮。"这就表明鸡蛋不能放在同一个篮子里。

（2）保持一定数量的股票。股票类资产必不可少，投资股票既有利于避免因低通胀导致的储蓄收益下降，又可抵御高通胀所导致的货币贬值、物价上涨的威胁，同时也能够在市道不利时及时撤出股市，可谓是进可攻、退可守。

（3）反潮流的投资。别人卖出的时候你买进，等到别人都在买的时候你卖出。大多成功的股民正是在股市低迷无人入市时建仓，在股市里热热闹闹时卖出获利。

像收集热门的各家书画，如徐悲鸿、张大千的，投资大，有时花钱也很难买到，而且赝品多，不识别真假的人往往花了冤枉钱，而得不到回报。同时，有一些年轻的艺术家的作品，有可能将来得到一笔不菲的回报。又比如说收集邮票，邮票本价格低廉，但它作为特定的历史时期的产物，在票证上独树一帜。目前虽然关注的人不少，但潜在的增值空间是不可低估的。

（4）努力降低成本。我们常常会在手头紧的时候透支信用卡，其实这是一种最为愚蠢的做法，往往这些债务又不能及时还清，结果是月复一月地付利，导致最后债台高筑。

（5）建立家庭财富档案。也许你对自己的财产状况一清二楚，但你的配偶及孩子们未必都清楚。你应当尽可能使你的财富档案完备清楚。这样，即使你去世或丧失行为能力的时候，家人也知道如何处置你的资产。

4. 收入水平和分配结构

选择财富的分配方式，也是财富计划表中一个不可缺少的部分。分配方式的选择首先取决于你的财富的总量，在一般情况下，收入可视为总财富的当期增量，因为财富相对于收入而言更稳定。在个人收入水平低下的情况下，主要依赖于工资薪金的消费者，其对货币的消费性交易需求极大，几乎无更多剩余的资金用来投资创造财富，其财富的分配重点则应该放在节俭上。

投资资金源于个人的储蓄，对于追求收益效用最大化的创富者而言，延期消费而进行储蓄，进而投资创富的目的是为了得到更大的收益回报。因此，个人财富再分配可以表述为，在既定收入条件下对消费、储蓄、投资创富进行选择性、切割性分配，以便使得现在消费和未来消费实现的效用最大。如果为这段时期的消费所提取的准备金多，用于长期投资创富的部分就少；提取的消费准备金少，可用于长期投资的部分则就多，进而你所得到的创富机会就会更多，实现财富梦想的可能性就会更大。

具备超前的致富眼光

钱多钱少并不重要，关键是要树立挣钱的长远目光。挣钱是天经地义的，但为了挣更多的钱，必须要培养这种意识，眼前的利益必须放在长远的规划中来看待。

在国内几乎无人不知的一代华商霍英东，在香港的富豪中，他不是最有钱的，但他一直无私地支持国内的公益事业。

霍英东除了博新公司，还有地产、建筑、酒楼、航运、石油、酒店、金融、航空和公共交通等项目，持有40%澳门娱乐公司及信德船务的股份和40%的董氏信托股份，通过董氏信托持有东方海外国际企业与奥海企业50%股份等，并投资珠江两岸汽车轮渡服务，拥有广州白天鹅宾馆、东方石油主要股权和漠尤航空少数股权及加拿大一批物业。其总资产已超过130亿港元。

在香港华商中，霍英东的起点可能是最低的。他本是船民之子，当许多人已腰缠万贯时，他每天还在为吃饭问题苦苦挣扎。同李嘉诚一样，他没有祖业可以继承，也没有靠山可资荫庇，完全凭借自己的远大胸襟和永不气馁的创业精神，赤手空拳打天下，创建了自己的商业王国，大胆、勇敢、冒险、创新再加上坚忍不拔，成就了一个香港商业界传奇。霍英东吃苦耐劳的作风同样是商人精神的典范。他性格开放，容易接受新事物，勇于创新；他境界高远，不因小成就而满足，永远追求创业生活；他不甘渺小，意志坚定，从不转移目标，永远忙忙碌碌，用事业体现自身的生存价值。

他上中三时，日本侵华，时局动荡，他辍学加入了苦力行业，从事了各种不同的苦力工作，虽然他表现不错，但无奈收入太微薄，看看出头无望，于是他自动辞职了。一个人当被生活逼到绝处的时候很容易萎靡不振，但也有可能更加顽强、更加发奋，然而，饥饿、劳顿没有使他屈膝；反而，更加激发了他对美好生活的向往。

日本投降后，第二次世界大战的战火渐渐平息，人们生活趋于稳定，各行各业也渐次走上了发展轨道。霍母以其生意人的眼光，看准了运输业务急剧发展的前景，便放弃了杂货店经营，把股权卖了 8000 元，租下了海边的一块地皮，再次经营起驳运生意。霍英东替母亲管账，代她去收佣金，工作十分勤奋。母亲虽然精明稳健，是一家之主，但妇道人家仅以小生意为满足。霍英东却不然，他不满足于现状，一心想做成一番大事业，在这方面正好可以弥补母亲的不足。他领会到这样下去很难有太大的发展，便开始留心观察，等待机会。

1948年，霍英东得知日本商人以高价收购可制胃药的海草，他更加具有先见之明，以自己从小在舢板上长大的经验，他知道这种海草生在海底，而且是在太平洋柏拉斯岛周围才有。于是他当下买来一艘61英尺长的摩托艇，并联络到十多个想赚钱的渔民，一同驶向柏拉斯岛。

他的判断没错，但海草全部卖完结算时，他们在海上6个月的含辛茹苦的所得竟然只够开销，等于一无所获。

1950年，朝鲜战争爆发。大量的军用物资堆积在香港的码头上，在这里处理的剩余物资也无法估计。出生于驳船世家的霍英东自知这个机会宝贵，迅速紧紧抓住，在香港展开了驳运经营。头次创业时他仅凭热情，却疏于谋划，这次他认真吸取了以往失败的教训，行动之前先进行了精心的筹划，而后才按既定方针投入营运，并在实际过程中不断加以修正，随机应变。

由于牢牢抓住了机会，生意搞得十分顺利，他的拖船也很快由一条、两条变成了十条、数十条，成倍增加。这次创业他终于取得了重大突破，他一举成为香港业界新贵。

商人就是商人，无不想要赢得更多的利润，将生意做得更大。霍英东正是如此。他几乎可以说是一个天生的商人，始终不肯歇息，狂热地追逐着利润，并不以已有的成就为满足，总是在追寻着新的商机。航运上获得成功后，霍英东又看准时机，大胆涉足香港地产市场。

1954年，霍英东创建了立信建筑置业有限公司，放手从事地产业的投资经营。当时香港从事房地产投资的人很多，因为这是一个赚钱又多又快的行当，但真正在地产生意中获得成功的人却总是有限的。

从买进第一宗房地产起，几年内，立信建筑置业有限公司所建的楼在香港已到处可见，到 20 世纪 70 年代末 80 年代初，他名下有 30 多家公司，大部分经营房地产。

霍英东的真正突飞猛进，其实是从 20 世纪 60 年代初他经营房地产的同时兼"淘沙生意"开始的。60 年代初，香港房地产业有了很大的发展，楼宇、码头建设兴盛，对河沙的需求量猛增，霍英东本人也在经营房地产的过程中为建筑材料的紧缺伤透了脑筋。也许正是因为他出身于水上人家，有着与其他房地产商不一样的参考系，他非常具有远见，想到了另一条财路：海底淘沙。

海底淘沙是一种费工多、收获少的行当，商人们不仅不愿轻易问津，甚至视之为畏途。但霍英东却有自己的打算：从海底淘沙，不仅可以获得大量建筑用沙，而且可以挖深海床，植海造地，是一个很有前途的事业。只不过要想在海底淘沙中赚大钱，靠一般方式不行，需要加以改革，用现代化的设备。

为了实现海底淘沙的设想，霍英东派人到欧洲订购了一批先进的淘沙机船，用现代化手段取代落后的人力方式。凭着为人所不敢为的果敢精神，霍英东从香港商界的视野盲点找到并挖到了宝，创造了奇迹。与此同时，霍英东奇招独出，又与港府有关部门订立了长期合同，专门由他负责供应各种建筑工程所用的海沙，这使他成为香港淘沙业中的王者。此后，香港各区的大厦建筑、各处码头的建筑，以及填海工程，均由霍英东的"有荣公司"负责供应海沙。

他做生意的基本战略讲究的是"超前"意识，在思考上要有超前眼光，在落实上要有超前行动，因而他一旦思考成熟，便迅速动手。"填海造地"设想的实现过程也是如此：主意既定，便开始紧抓落实，大手笔地从美国、荷兰等国购进先进机具，放开手脚地承造当时香港规模最大的国际工程——海底水库淡水湖工程的第一期。此举打破了外资垄断香港产业的旧局面，并使霍英东"房地产工业化"的格局又增加了一项"填海造地"。及至后来，这一壮举不断地为香港房地产同业商人所沿用，成为香港地产业发展的一大趋势。

远大的目光加上超前的行动，是霍英东的经营智慧。但回顾他的创业经历，宝贵的还有他所具有的屡挫不馁的事业心，以及吃苦耐劳的精神，这其实也是许多商人的共性。

总之，要想成为一位富豪，必须具备长远的挣钱眼光和致富意识，这一点是必不可少的。

再穷也要树立远大的财富志向

一提到钱，有人就认为这是一个太俗的话题。

对于这种对钱有偏见的人，只一个问题就能让他哑口无言："谁离了钱能活？"

生活就是生活，它是由一个个再现实不过的细节组成的，比如说，吃饭、穿衣、住房、子女教育、赡养老人、退休养老……这里没有娱乐，没有休闲，没有怡情，没有浪漫，它们都是组成生活的最基本的、最必需的元素。没有钱，完成其中任何一件事都困难，面对这么多的事情怎能不度日如年？就更别说远大志向了。

很多人出生在贫穷的家庭，代代相传，辈辈都穷。即使他们当中有进步的人渴望改变，也会因受到各种现实条件的制约而难以如愿。很多人每天的话题无非就是如何节约、哪有打折商品，整天心里、脑子里只想着这些鸡毛蒜皮的小事，哪里还会有什么大志？同时，很多人身边也不乏"能人智士"，一听说谁有点革新的苗头，他的朋友便围过来，帮着"分析研究"其行动方案。他们从中看到的多是负面消极的因素，七嘴八舌，对革新者泼几盆凉水。这样一来，革新者的改变思潮还在萌芽阶段就被掐死了。

有句话说得好，机会是留给有准备的人的，而很多人一般都是毫无准备的。很多人大多没有时间和精力做准备，因为他们每天都得为生活不停地奔波；他们也没有资本去做准备，因为他们努力所得只能满足于自己和家人的生计。而成功者则不同，他们不但财务自由而且时间自由，他们时刻都在留意各种机遇的出现，并为此做了充足的准备，随时都能捕捉到机遇，进行投资。

在机遇的问题上，很多人永远都是落后者。他们信息渠道不畅，收集不到有效的资讯，即使偶尔能幸运地遇上一点有用的信息，也不知如何利用和把握，最终不是错失良机就是被别人占先。

很多人就是有机遇也白搭。因为没有资本是一个铁的事实，面对残酷的现实，一切凌云壮志都会变得虚无缥缈。任何理想的实现都需要前期的投资，"没有投资哪有回报？"这是成功者教导很多人的口头禅。但很多人维持生存都艰难，拿什么去投资赚钱?

现实虽然残酷，但现实是可以改变的。中国有个词叫"志在必得"，这个词很好，有志才能得。所以，我们不论穷到什么程度，都得有志!

人穷志不穷，没钱是暂时的，但若没志就可能是一辈子的。能够致富的人都不是无志之人，没有哪一个富翁是在浑浑噩噩中富起来的。一个人要想有所作为，就必须尽早树立自己的奋斗目标。虽然说古人的"治国平天下"在我们身上不太实际，但如果换成一句"为致富而努力"，还是很有意义的。

志向就是目标，没有目标就会失去人生的方向，如同被风刮起的一片树叶，不知所向何方，哪里才是归宿。有了目标就有实现的可能性。在看到个人计算机良好的发展趋势之后，比尔·盖茨的志向就是要让所有的个人电脑都能用上自己的软件。现在，他完全实现了自己的目标，所以他成功了。

很多人都听说过关于法国媒体大亨巴拉昂临死之前征集"很多人缺什么"之答案的故事，最终得知，很多人最缺的不是钱，也不是机会，而是成为富人的雄心。其实，你真正了解一下那些非常富有的人，那些在各个领域取得非凡业绩的成功人士，他们所做的每一件事情都雄心毕露。想当初，李嘉诚斥资 20 亿美元，买下了位于北京王府井占地 10 万平方米的"东方广场"项目，要知道，这可是北京城的核心地段呀，其未来的商业价值是不可估量的，李嘉诚的地产雄心由此可见一斑。

越贫穷的人越需要雄心。因为你什么都没有，所以你更需要为自己找到一个精神支柱，找到一盏航灯来指引你前进。富人之所以能在艰难的环境中百折不挠，直到实现自己的理想，就是因为他们有自己的航灯，有精神支柱，有战胜困难的勇气和动力。一个没有远大目标和实现目标强烈愿望的人，遇到困难当然就会选择退让、选择回避。这样的人，永远也走不出一条自己的路。

现在看得越远，将来就能走得越远。不敢想的人，也别期望他能做出非常的成绩。

第二章

改变财富观念:
成功者想的和你不一样

思想很重要

美国人罗伯特所著的《富爸爸，穷爸爸》一书中，穷爸爸受过良好的教育，聪明绝顶，拥有博士的光环，他曾经在不到两年的时间里修完了4年制的大学本科学业，随后又在斯坦福大学、芝加哥大学和西北大学进一步深造，并且在所有这些学校都拿到了金奖。他在学业上都相当成功，一辈子都很勤奋，也有着丰厚的收入，然而他终其一生都在个人财务的泥沼中挣扎，被一大堆待付的账单所困。

穷爸爸生性刚强、富有非凡的影响力，他曾给过罗伯特许多的建议，他深信教育的力量。对于金钱和财富的理解，穷爸爸会说："贪财是万恶之源。"在很小的时候，穷爸爸就对他说："在学校里要好好学习喔，考上好的大学，毕业后拿高薪。"穷爸爸相信政府会关心、满足你的要求，他总是很关心加薪、退休政策、医疗补贴、病假、工薪假期以及其他额外津贴之类的事情。他的两个参了军并在20年后获得了退休和社会保障金的叔叔给他留下了深刻的印象。他很喜欢军队向退役人员发放医疗补贴和开办福利社的做法，也很喜欢通过大学教育继而获得稳定职业的人生程序。对他而言，劳动保障和职位补贴有时看来比职业本身更为重要。他经常说："我辛辛苦苦为政府工作，我有权享受这些待遇。"

当遇到钱的问题时，穷爸爸习惯于顺其自然，因此他的理财能力就越来越弱。这种结果类似于坐在沙发上看电视的人在体质上的变化，懒惰必定会使你的体质变弱、财富减少。穷爸爸认为富人应该缴纳更多的税去照顾那些比较不幸的人，并教导罗伯特："努力学习能去好公司。"还说明他不富裕的原因是因为他有孩子，他禁止在饭桌上谈论钱和生意，说挣钱要小心，别去冒风险。他相信他的房子是他最大的投资和资产，对于房贷，他是在期初支付的。

穷爸爸努力存钱，努力地教罗伯特怎样去写一份出色的简历以便找到一份好工作，他还经常说："我从不富有，罗伯特对钱没有兴趣，钱对于我来说并不重要。"他很重视教育和学习，希望罗伯特努力学习，获得好成绩，找个挣钱的工作，能够成为一名教授、律师，或者去读 MBA。

尽管这种思想的力量不能被测量或评估，但当罗伯特还是小孩子的时候，就已经开始明确地关注自己的思想以及自我的表述了，并注意到了人之所以穷，不在于他挣到的钱的多少，而在于他的思想和行动。一直到后来，罗伯特都这样认为。

致富理念

富爸爸没有毕业于名牌大学，他只上到了八年级，而他的事业却非常地成功，一辈子都很努力，他成为了夏威夷最富有的人之一，他一生为教堂、慈善机构和家人留下了数千万美元的巨额遗产。

富爸爸在性格方面生性也是那样的刚强，对他人有着很大的影响力，在他的身上，罗伯特看到了富人的思想，同时带给了他许多的思考、比较和选择。

迄今为止，在美国的学校里仍没有真正开设有关"金钱"的课程。学校教育只专注于学术知识和专业技能的教育和培养，却忽视了理财技能的培训。这也解释了为何众多精明的银行家、医生和会计师们在学校时成绩优异，可一辈子还是要为财务问题伤神；国家岌岌可危的债务问题在很大程度上也归因于那些做出财务决策的政治家和政府官员们，他们中有些人受过高等教育，但却很少甚至几乎没有接受过财务方面的必要培训。

富爸爸对罗伯特的观念产生了巨大的影响，同时，他时常说："脑袋越用越灵活，脑袋越活，挣钱就越多。"在他看来，轻易地就说"我负担不起"这类话是一种精神上的懒惰。当他遇到经济方面的问题时，他总是想办法去解决。长此以往，他的理财能力更强了。这类似于经常进行体育锻炼，可以强身健体，经常性的头脑运动可以增加自己获得财富的机会。富爸爸与穷爸爸在观念上的差异很大，富爸爸说："税是惩勤奖懒。"并教导罗伯特努力学习之后，能发现并将有能力收购好公司，他一直认为，他必须富的原因是有孩子。他在吃饭时鼓励孩子谈论钱和生意，并教他们如何管理风险。他认为房子是负债，如果认为自己的房子是最大的投资，那么自己会有麻烦了，他是在期末支付贷款的。

在经济上他完全信奉经济自立，他反对那种"理所应当"的心理，并且认为正是这种心理造就了一些虚弱的、经济上依赖于他人的人，他提倡竞争、不断地投资，并教罗伯特写下了雄心勃勃的事业规划和财务计划，进而创造创业的机会。富爸爸总是把自己说成一个富人，他拒绝某事时会这样说："我是一个富人，而富人从来不这么做。"甚至当一次严重的挫折使他破产后，他仍然把自己当作富人。他会这样鼓励自己："穷人和破产者之间的区别是：破产是暂时的而贫穷是永久的。"他永远相信：金钱是一种力量、一种思想，他鼓励罗伯特去了解钱的运动规律并让这种规律为自己所用。

罗伯特9岁那年，最终决定听从富爸爸的话并向富爸爸学习挣钱。同时，罗伯特决定不听穷爸爸的，因为，虽然他拥有各种耀眼的大学学位，但不去了解钱的运转规律，不能让钱为自己所用也是没用的。罗伯特明白了，富爸爸之所以富，那是他拥有不一样的理财理念。

金钱是一种思想

金钱也是一种思想，如果你希望得到更多的钱，那就需要改变你的思想，许多成功人士都是在某种思想的指导下白手起家，从小生意做起，然后慢慢地做大。从中关村到沃顿商学院的吕秋实就是一个典型的例子。

吕秋实从苏州大学中文系毕业后，如愿以偿地分配到了市人事局工作。21岁的吕秋实兴冲冲地跑去报到，不料，市人事局的工作人员很为难地对他说："我们这里的编制已经满了，安排不下你。要么你先到区人事局干，我们已经跟他们打过招呼了。要是不想去那里，就先等两年，等我们这里编制空缺再给你安排工作。"

吕秋实没办法，只好到某某区人事局报到。可是那里的办事人员说没接到通知。吕秋实一气之下回到家里，想别的办法。他就不相信，堂堂苏州大学中文系的毕业生会没有工作干。

经过一番努力，总算有几个单位要他，但是他不满意，不愿意去。他想进政府机关，走仕途，只朝那个方向努力。可是他错过了大学毕业生就业的机会，所以即使有机关愿意要他，也非常麻烦。转眼两个月过去了，吕秋实束手无策，闷闷不乐地待在家里。母亲特别心疼，就从箱里子掏出 5000 块钱，要他拿去找工作或去做个买卖。当时，他没有再去找工作，也没有去做生意，又开始埋头苦学。1987 年，他考上了复旦大学国际政治系的研究生。

在他 23 岁生日那天，父亲专程从浙江到上海看望儿子，并拿出 5000 元钱替儿子承包了校外一家公司的一个部门，作为生日礼物送给了儿子，当时他非常意外，但已骑虎难下，只好包下去。于是，他偷偷地联系了 3 个同学，中午跑客户，晚上干活，上午、下午上课，不用多久，上学期间，吕秋实和 3 个同学共赚了 8 万元。

研究生毕业后，他没有找工作，把 2 万元作为礼品送给了姐姐，剩下的 1 万元带在身上，去了北京。

1991 年，吕秋实到中关村的一家电脑公司工作。最初当货品管理员，每月工资 500 元，除去房租每月只能勉强度日。但吕秋实从不向老板提工资的事，自信老板不可能总给他这么点钱。果不其然，在短短的两年里，他先后成为业务经理、部门经理、总经理助理、人事主管、副总经理，月薪由 500 元到 1000 元到 3000 元，直到 8000 元。1993 年，作为副总经理的吕秋实已经不用为生计而挣扎了，变得很清闲。

吕秋实于是向老板建议实行股份制，说他不要那么多现金，他要股份，他只是希望有为自己干活的感觉。老板不置可否，说要考虑考虑，后来就没有了下文。

他辞职了，一个人跑到圆明园附近的一个显得有些荒凉的地方，租了一间盖着石棉瓦的小屋，一切又跟起步阶段一样，心里踏实过了，于是又再进入了中关村电脑市场。

那个时候的中关村电脑市场差不多可以说是一本万利，一台 13000 元的电脑，纯利润可以达到 3000 元。后来他回忆说："2001 年，一台 5000 元的电脑，电脑商人很可能只有 50 元以下的利润，甚至干脆一分钱不挣，以便靠销量从总经销商那里多拿提成，所以电脑商人们做得很辛苦，有时候还吃力不讨好。而 1993 年就完全不是这么回事了。"

吕秋实一出手就开市大吉，当年就赚了 50 万，第二年赚了将近 100 万。当外部条件变得对公司越来越有利时，吕秋实与伙伴之间的合作却出现了巨大的裂痕，合作伙伴另立门户，从合作者变成了竞争者。好在没有对公司造成致命的打击。吕秋实马上把姐姐和姐夫从新疆接来加入公司。一家人齐心合力，共同奋斗，1995 年，他们挣了 200 万。

财富突然像流水一样汹涌而至，这使吕秋实在自信之余也有些意外。不过他很快适应了这种大进大出的经营模式。

1996 年，吕秋实个人资产已经将近 1000 万。

在这个时候，他作出了惊人的决定，毅然去了美国攻读哥伦比亚大学的沃顿商学院工商硕士，第二年，他就开始了自己的事业，至今，他开了一家服装公司，在美国小有名气，占有相当的市场份额。

投资就是这样，起初他也只投了很少的一部分的钱，后来变得越来越多。也正如一些知名的企业家说的，金钱今天是你的，明天就不一定是你的。钱放在你的口袋里，不如拿出来投资，建立厂房、建立营销网，只有这样，才能使钱不断地增值。报喜鸟集团董事长吴志泽说过，不要把企业作为赚钱的机器，做企业说大点，是人生价值的体现，说小点，是个人梦想的实现，人最重要的是有所为，有所不为。正是这些与众不同的思想，让他们白手起家，最终成为各个行业的领头羊。如果你有志成为像他们一样的人，也必须有一种与众不同的金钱思想。

不同的教育观念

为了让改变人生的教育真正发挥作用，就必须影响到智力、情感、行为和精神 4 个方面。传统教育主要关注智力教育，传授阅读、写作、算术等技巧，它们当然都非常重要，但让许多的人非常怀疑智力教育能否真正影响人们的情感、行为和精神等方面。

传统教育的弊端，就是它放大了人们的畏惧情绪。具体说来，就是对出错的畏惧，这直接导致了人们对失败的畏惧。传统学校的老师不是激发学生们的学习热情，而是利用他们对失败的畏惧，对他们说出诸如此类的话："如果你在学校没有取得好成绩，将来就不会找到一份高薪的工作。"很多父母也像传统学校的老师那样不断地叮嘱自己的孩子，要努力学习，考上大学拿个文凭，毕业才能找到好工作。

另外，我们小时候常常由于出错而受到惩罚，因而从情感上变得害怕出错。问题是，在现实世界中，出类拔萃的人往往就是那些犯了很多错误，并且从中吸取到很多教训的人。

很多人认为犯错是人生的败笔。与之相反，成功者则认为："犯错是我们进步的必由之路，正是因为我们反反复复地摔倒，反反复复地爬起来，我们才学会了骑自行车。当然，犯错而没有从中吸取教训是一件非常糟糕的事情。"

很多人犯错后撒谎，就是因为他们从情感上害怕承认自己犯错，结果他们白白浪费了一个很好的使自己提高的机会。犯错之后，勇于承认它，而不是推到别人身上，不去证明自己有理或者寻找各种借口，这才是我们进步的正确途径。

在传统商业领域，讳疾忌医、不愿意承认错误的态度非常盛行。如果你犯错，常常就会被解雇，或者受到惩罚。刚刚开始在公司学习销售的时候，业绩不佳的销售员也常常会被公司解雇。也就是说，我们生活在一个畏惧失败的世界里，而不是一个积极学习、接受教训的世界中。因此，无数供职于各类公司的职员依然是一只"蛹"，永远等不到化蛹成蝶的那一天。是的，一个人如果终日生活在被畏惧、失败紧紧包裹的"茧"里面，怎么可能翩然飞翔？

在直销领域，领导者关注的是与那些业绩欠佳的人一起合作，鼓励他们进步，而不是轻率地解雇他们。事实上，如果因为摔倒而受到惩罚，你可能就永远学不会骑自行车。

成功者在财务上比很多人成功，并不是因为他们比别人聪明，而是因为他们比别人经历了更多的失败。也就是说，他们之所以能够领先，是因为曾经犯过更多错误。打消了自己对于犯错的畏难情绪，才有可能开始飞翔。

直销领域成功的领导者往往都具有激发他人斗志的能力，能够触动跟随者内心中的伟大之处，激发他们奋勇向前，超越人性弱点，超越自身的怀疑和恐惧。这就是改变人生的教育的巨大力量。

改变人生的教育与传统教育之间的不同价值，表现在两个方面，一是前者强调从错误中吸取教训，而不是单纯惩罚犯错的人，二是前者强调人类精神，而这种精神力量足以帮助人们克服智力、情感和行为能力的任何缺陷。

从心理上改变

"心有多大，舞台就有多大。"要想成功，首先必须从心理上进行改变。

井底里有一只刚出生不久的青蛙，对生活充满了好奇。

小青蛙问："妈妈，我们头顶上蓝蓝的、白白的，是什么东西？"

妈妈回答说："是天空，是白云，孩子。"

小青蛙说："白云大吗？天空高吗？"

妈妈说："前辈们都说云有井口那么大，天比井口要高很多。"

小青蛙说："妈妈，我想出去看看，到底它们有多大多高？"

妈妈说："孩子，你千万不能有这种念头。"

小青蛙说："为什么？"

妈妈说："前辈们都说跳不出去的。就凭我们这点本事，世世代代都只能在井里待着。"

小青蛙有些不甘心地说："可是前辈们没有试过吗？"

妈妈说："别说傻话了。前辈们那么有经验，而且，一代又一代，怎么可能会有错？"

小青蛙低着头说："知道了。"

自此以后，小青蛙不再有跳出井口的想法。

小青蛙的悲剧就在于它"不再有跳出井口的想法"了。只有你的心中存有广阔的蓝天，你才能跳出贫穷的井，如果连跳出井口的愿望都没有了，那么，此后就只能坐在井底了。

洛克菲勒小的时候，全家过着不安定的日子，一次又一次地被迫搬迁，历尽艰辛横跨纽约州的南部。可他们却有一种步步上升的良好感觉，镇子一个比一个大，一个比一个繁华，也一个比一个更给人以希望。

1854 年，15 岁的洛克菲勒来到克利夫兰的中心中学读书，这是克利夫兰最好的一所中学。据他的同学后来回忆说："他是个用功的学生，严肃认真、沉默寡言，从来不大声说话，也不喜欢打打闹闹。"

不管有多孤僻，洛克菲勒一直有他自己的朋友圈子。他有个好朋友，名叫马克·汉纳，后来成为铁路、矿业和银行三方面的大实业家，当上美国参议员。

洛克菲勒和马克·汉纳，两个后来影响了美国历史的大人物，在全班几十个同学中能结为知己，不能说出于偶然。美国历史学家们承认，他们两人的天赋都与众不同，一定是受了对方的吸引，才走到一起的。

表面木讷的洛克菲勒，其内心的精明远远超过了他的同龄人。汉纳是个饶舌的小家伙，通常是他说个不停，而洛克菲勒则是他忠实的听众。应当承认，汉纳口才不错，关于赚钱的许多想法也和洛克菲勒不谋而合，只是汉纳善于表达，而洛克菲勒习惯沉默罢了。有一次，马克·汉纳问他："约翰，你打算今后挣多少钱？"

"10万美元。"洛克菲勒不假思索地说。

汉纳吓了一跳，因为他的目标只是5万美元，而洛克菲勒整整是他的两倍。

当时的美国，1万美元已够得上富人的称号，可以买下几座小型工厂和500英亩以上的土地。而在克利夫兰，拥有5万元资产的富豪屈指可数。约翰·洛克菲勒开口就是10万元，瞧他轻描淡写的模样仿佛10万美元只是一个小小的开端。

当时同学们都嘲笑这个开口就是10万美元的家伙狂妄，殊不知，不久的将来，洛克菲勒真的做到了，而且不是10万，是亿万！

在小小的洛克菲勒的心目中，他就将自己的财富定位在很高的位置上。最终，他也获得了比别人高亿万倍的成就。

在现实社会中，不论是谁，都可以开一间十几平方米的小铺子，但只有真正的成功者，才能依靠自己的聪明和智慧，把小铺子变成世人皆知的大企业，才能使他的企业影响世界上的每一个人。

要想致富，我们不仅仅要关注成功者的口袋，更应该关注他的脑袋，看看他都往自己的脑袋里装了些什么东西。

现在市面上的东西很多，有很多东西充满着令人难以抗拒的诱惑。有的东西看上去很好，有的东西看上去很有用，但是那些东西并不能使我们致富。

我们不要把目光全盯在口袋上，而是应该放在自己的脑袋上，一旦自己的脑袋富有了，那么我们口袋的富有就是时间的问题了，也只有我们的脑袋富有了，才能真正地驾驭财富，而不被财富所伤。

穷和富，首先是脑袋的距离，然后才是口袋的距离。

因此，必须弥补脑袋的距离，从心理上做出改变，才能够致富。

YAHOO 的创始人杨致远曾经说过："当时没有人认为 YAHOO 会成功，更没有人认为会赚钱，他们总是说，你们为什么要搞那个东西——实际上，一件事情理论上已经行得通了，它也不一定能成功，而如果你认为很难成功也一定还要做的时候，你差不多就成功了。"是的，如果这是你真正想做的事情，那你就要去做，即使认为很难成功也要去做，这样做并不需要太多的理由，只是因为你愿意。在这个世界上，有一些事情，做或者不做都没有谁会逼你，你没有必要去选择可能性很小的那条路，除非你愿意。比尔·盖茨的成功并非来自优异的学习成绩，实际上促使他的整个命运发生转折的不过是湖畔中学里一台别人捐献的计算机。从那个时候起，他就开始对此着迷，并和另一个孩子一起开始讲述他们明天的梦想。后来，比尔·盖茨成了世界首富，而另一个孩子的财富也排名第三，那个孩子就是保罗·艾伦。

你愿意去改变自己的心理，像成功者一样，你也可以成功。如果你愿意，你就要义无反顾地去做；如果你愿意，你就不要在乎别人怎么看你。做你愿意做的事情，别人说我们我行我素也好，别人说我们固执己见也好，管他们怎么说呢？

成功者的心理就应该是这样的！

贫穷本身并不可怕，可怕的是贫穷的思想，是认为自己注定贫穷、必须老死于贫穷的信念！

假使你觉得自己的前途无望，觉得周遭的一切都很黑暗惨淡，那么你立刻转过身来，朝向另一方面，朝向那希望与期待的阳光，而将黑暗的阴影遗弃在背后。

克服一切贫穷的思想、疑惧的思想，从你的心扉中，撕下一切不愉快的、黑暗的图画，挂上光明的、愉快的图画。

用坚毅的决心同贫穷抗争。你应当在不妨碍、不剥削别人的前提下，去取得你的那一份儿。你是应该得到"富裕"的，那是你的权利！

心中不断地想要得到某一种东西，同时孜孜不倦地去奋斗以求得到它，最终我们总能如愿以偿。世间有千万个人，就因为明白了这个道理，而摆脱了贫穷的生活！

现在，就开始改变

一个人若想求取功名，如果他连考场都不进，功名就永远不可能降临。同样，一个人若想成为人人羡慕的亿万富翁，如果不思改变现状，那财富也永远不可能降临到他头上。因此，要成为亿万富翁，必须寻求改变。

人都有一种思想和生活的习惯，就是害怕环境改变和自己的思想变化，人们喜欢做经常做的事情，不喜欢做需要自己变化的事情。所以，很多时候，我们没有抓住机会，并不是因为我们没有能力，也不是因为我们不愿意抓住机会，而是因为我们恐惧改变。人一旦形成了思维定式，就会习惯地顺着定式的思维思考问题，不愿也不会转个方向、换个角度想问题，这是很多人的一种愚顽的"难治之症"。比如说看魔术表演，不是魔术师有什么特别高明之处，而是我们大伙儿思维过于因循守旧，想不开，想不通。比如人从扎紧的袋里奇迹般地出来了，我们总习惯于想他怎么能从布袋扎紧的上端出来，而不会去想想布袋下面可以做文章，下面可以装拉链。让一个工人辞职去开一个餐厅，让一位教师去下海，其不愿意的概率大于60%，因为他们害怕改变原来的生活和工作的状态。如果能够勇敢地面对变化，便在很大程度上超越了自己，便很容易获得成功。比尔·盖茨就是一个活生生的例子。比尔·盖茨曾是一名学生，在学校过着非常舒适的大学生活，走出校园去创业，这是一个很大的变化，但是比尔·盖茨毅然决定改变现状，凭着自己的才华和毅力终于成功。

勇敢地接受变化，常常走向成功。

在生活的旅途中，我们总是经年累月地按照一种既定的模式运行，从未尝试走别的路，这就容易衍生出消极厌世、疲沓乏味之感。所以，不换思路，生活也就乏味。很多人走不出思维定式，所以他们走不出宿命般的贫穷结局；而一旦走出了思维定式，也许可以看到许多别样的人生风景，甚至可以创造新的奇迹。因此，从舞剑可以悟到书法之道，从飞鸟可以造出飞机，从蝙蝠可以联想到电波，从苹果落地可悟出万有引力……常爬山的应该去涉水，常跳高的应该去打打球，常划船的应该去驾驾车。换个位置，换个角度，换个思路，寻求改变，你才能改变贫穷的现状，才有可能成功。

布兰妮是一位普通的美国妇女，她先后生了两个女儿，仅靠老实的丈夫在一家工厂做工所得的微薄工资维持生计，一家四口的生活甚是拮据。

贫苦的生活使布兰妮倍感失望，她觉得前途渺茫。经过深思熟虑后，她决定自己动手，改善家庭经济困难的现状。这时，一个偶然的机会撞上门来。一天傍晚，丈夫邀了几位朋友到家里来玩，布兰妮便去准备晚餐。其实，朋友来玩是丈夫虚晃一枪，请朋友品尝布兰妮做的菜肴才是真。

布兰妮确实有一手很好的烹饪技术，但丈夫事先没交代有朋友来吃饭，时间匆促，来不及做什么准备，布兰妮只好随便做了几道家常菜。但就是这几道家常菜，使丈夫的朋友吃得赞不绝口。有个朋友心直口快，对布兰妮说："你的烹饪技术最低都可以拿个二级职称，开家餐馆，顾客一定会很多。"

其他的朋友也都随声附和。

布兰妮听了朋友的夸奖，心里自然高兴。但她觉得马上就去开一家餐馆，从自己的技术方面考虑，条件是具备了，但要租铺面、添设备，其资金一时难以筹到。她想到开餐馆的这两个条件只具备其中之一，认为时机还未成熟。这时，她看到朋友们的酒兴正浓，便想去做一些点心送上桌再给他们助酒兴，于是又下厨房去了。

不一会儿，布兰妮端上点心，朋友们先闻着香味，再品尝到味道，又是一阵叫好。于是又有朋友说："你就开家食店，专卖这种点心，保证能赚钱。"布兰妮说："我是想开个食店卖点心，就在家里做，只要早晨在门口出个摊位就行了。"

这样，布兰妮便每天早晨出摊卖起自己做的点心了。她决定，一次只做 10 斤面粉的点心。由于她做的点心色、香、味俱全，早上摆出去，采取薄利的策略，很快就卖完了。到后来，一些顾客熟了，来迟了见没有了点心，还会到她家里来寻找，往往把留下给自家人吃的点心都拿走了。

一个月下来，布兰妮卖点心所赚到的钱比丈夫的工资要高出 3 倍多。布兰妮觉得，卖这种点心虽然赚钱，但仅能帮助解决早餐的问题，若是作为一种商品向社会行销，没有品牌，这就困难了。于是，她开始寻找新产品。

几个月后，她在一家书店发现了一本新出的《糕点精选》，其中有一则醒目的广告，是宣传全麦面包的。据广告上说，这是一种富含维生素的保健食品，不管老少吃了都有好处。并指出，由于过去对这种糕点的制作方法过于粗糙，致使成品面包色泽变黑，很长时间没能在社会上推广开来。现在，已经有了一种新的制作方法，使做出来的面包不仅有丰富的营养，同时又色、香、味俱全。布兰妮越看心里越高兴，她还看到这种糕点是用全麦面粉和纯白面粉各自调和后压成薄层，再分层叠成若干后卷成卷，叫"千层卷"。这一制作面包的新方法，已经获得专利权，专利权所有者正在寻找合作伙伴。

布兰妮看完广告，觉得这才是自己创业的机会。因为这种"千层卷"水分低，既便于长期保存，又符合人们在美食和保健两方面的需要，投放市场必受顾客欢迎。布兰妮心里想："我一定要抓住这个机会。"

布兰妮用抵押房屋的钱先买下做这种新式面包的专利权和一些必要的设备，余下一部分钱作为流动资金。她将自己开的面包店起名为"棕色浆果烤炉"。

此后布兰妮用了十几年的时间，便把一个家庭式的小面包店，发展成为一家具有现代化设备的大企业，每年的营业额由 3 万多美元，增长到 400 多万美元，布兰妮也跻身于富人之列。

如果不寻求改变，布兰妮和她的家人也许一辈子就只能徘徊于贫穷的边缘，平庸一生。因此，贫穷并不可怕，关键在于你是否有改变的欲望。

你是否在做一件事情的时候，问过自己："我做过的事情，是否让我自己满意？"如果目前你所做的事情、你所处的位置连你自己都不满意，那说明你没有做到卓越。既然事情没有做到卓越，你为什么不寻求改变呢？

许多亿万富翁都经历过贫困的童年生活，他们为自己低下的社会地位感到屈辱，他们渴望像富有的人一样拥有财富、摆脱贫困，再也不想一无所有。"像富有的人一样干，我也行"，正是他们强烈的渴望帮他们走上了富裕的道路。

他们不满足于现状，他们遭受了无数挫折，却最终获得数以亿万计的财富。这对你同样适用。你对自己目前的状况并不是很满意，你也没有必要为自己的不满意感到羞愧，相反，这种不满能够产生很强的激励作用。别人能做到的，自己也能做到！只有低能的人或智者才是完全幸福的，因为我们还没有达到这种圆满的境界，我们不该害怕公开讨论自己的不满，渴望更好的状况是完全合理的。你深深珍惜的梦想是你的一部分，他们致富的实践是你需要借鉴的宝典。所以，要坚信自己能像他们一样干得好，那么你便开始起航吧，让亿万富翁的榜样为你的行动提供动力！

如果一个人满足于给别人打工，那么，他永远只能是一个打工仔。要想摆脱这种局面，必须改变你自己。

年轻时的李嘉诚在一家塑胶公司业绩优秀，步步高升，前途光明，如果是一般人，也就心满意足了。

然而，此时的李嘉诚，虽然年纪很轻，但通过自己不懈的努力，在他所经历的各行各业中，都有一种如鱼得水之感。他觉得这个世界在他面前已小了许多，他渴望到更广阔的世界里去闯荡一番，渴望能够拥有自己的企业，闯出自己的天下。

李嘉诚不再满足于现状，也不愿意享受安逸的生活。于是，正干得顺利的他，再一次跳槽，重新投入竞争的洪流，以自己的聪明才智，开始了新的人生搏击。

老板见挽留不住李嘉诚，并未指责他"不记栽培器重之恩"，反而约李嘉诚到酒楼，设宴为他钱行，令李嘉诚十分感动。

席间，李嘉诚不好意思再隐瞒，老老实实地向老板坦白了自己的计划：

"我离开你的塑胶公司，是打算自己也办一家塑胶厂，我难免会使用在你手下学到的技术，也大概会开发一些同样的产品。现在塑胶厂遍地开花，我不这样做，别人也会这样做的。不过我绝不会把客户带走，不会向你的客户销售我的产品，我会另外开辟销售线路。"

李嘉诚怀着愧疚之情离开塑胶公司——他不得不走这一步，要赚大钱，只有靠自己创业。这是他人生中的一次重大转折，他从此迈上了充满艰辛与希望的创业之路。

正是要求改变现状的欲望改变了李嘉诚的一生。

你是否有改变自己的强烈欲望，你是否有做成功者的雄心壮志？

一定要成功。你的欲望有多么强烈，就能爆发出多大的力量；欲望有多大，就能克服多大的困难。你完全可以挖掘生命中巨大的能量，激发成功的欲望，因为欲望是成功的原动力，欲望即力量。

既然只有改变才能成功，那就赶快行动吧。你改变的欲望越强烈，改变的能量就越大。

第三章

重建财富逻辑: 脑袋决定口袋，财商决定财富

财商决定贫富

在竞争激烈的现代社会，财商已经成为一个人成功必备的能力，财商的高低在一定程度上决定了一个人是贫穷还是富有。一个拥有高财商的人，即使他现在是贫穷的，那也只是暂时的，他必将成为富人；相反，一个低财商的人，即使他现在很有钱，他的钱终究会花完，他终将成为穷人。

那么财商到底是什么呢？如果说智商是衡量一个人思考问题的能力，情商是衡量一个人控制情感的能力，那么财商就是衡量一个人控制金钱的能力。财商并不在于你能赚多少钱，而在于你有多少钱，你有多少控制这些钱，并使它们为你带来更多的钱的能力，以及你能使这些钱维持多久。这就是财商的定义。财商高的人，并不需要付出多大的努力，钱会为他们努力工作，所以他们可以花很多的时间去干自己喜欢干的事情。

简单地说，财商就是人作为经济人，在现在这个经济社会里的生存能力，是一个人判断怎样能挣钱的敏锐性，是会计、投资、市场营销和法律等各方面能力的综合。美国理财专家罗伯特·T.清崎认为："财商不是你赚了多少钱，而是你有多少钱，钱为你工作的努力程度，以及你的钱能维持几代。"他认为，要想在财务上变得更安全，人们除了具备当雇员和自由职业者的能力之外，还应该同时学会做企业主和投资者。如果一个人能够充当几种不同的角色，他就会感到很安全，即使他的钱很少。他所要做的就是等待机会来运用他的知识，然后赚到钱。

财商与你挣多少钱没有关系，财商是测算你能留住多少钱，以及让这些钱为你工作多久的指标。随着年龄的增大，如果你的钱能够不断地给你换回更多的自由、幸福、健康和人生选择的话，那么就意味着你的财商在增加。财商的高低与智力水平并没有必然的关系。

在我们的现实生活中，不乏智力水平超群的人。他们的智力比一般人的智力高得多，通常在大学里属优等生，能轻松拿到硕士、博士学位，且能够成为某一学科或专业中的专家、学者、高级人才。应当承认，这些学有专长的天才与富翁站在一起比较智力时，前者远远地超出了后者。

然而，我们又不能不承认，在谋取财富方面，智力超群的"天才"的确不及智力水平一般的"富翁"。富翁并非智力超群者，他们中的绝大多数人在智力条件上与普通人相比是差不多的。他们所想到的创富点子，说穿了一点都不稀奇，毫无半点高深莫测的意味，似乎任何人都能够想到。可是，一般人往往对近在眼前的财富视而不见，而富翁的财富头脑却偏偏能在稍纵即逝的瞬间灵光闪现，并把那些机遇牢牢抓住。

富翁是靠什么创富的呢？靠的是"财商"。

越战期间，好莱坞举行过一次募捐晚会，由于当时反战情绪强烈，募捐晚会以一美元的收获收场，创下好莱坞的一个吉尼斯纪录。不过，晚会上，一个叫卡塞尔的小伙子却一举成名，他是苏富比拍卖行的拍卖师，那一美元就是他用智慧募集到的。

当时，卡塞尔让大家在晚会上选一位最漂亮的姑娘，然后由他来拍卖这位姑娘的一个亲吻，由此，他募到了难得的一美元。当好莱坞把这一美元寄往越南前线时，美国各大报纸都进行了报道。

由此，德国的某一猎头公司发现了卡塞尔。其认为，卡塞尔是棵摇钱树，谁能运用他的头脑，必将财源滚滚。于是，猎头公司建议日渐衰微的奥格斯堡啤酒厂重金聘卡塞尔为顾问。1972年，卡塞尔移居德国，受聘于奥格斯堡啤酒厂。他果然不负众望，开发了美容啤酒和浴用啤酒，从而使奥格斯堡啤酒厂一夜之间成为全世界销量最大的啤酒厂。1990年，卡塞尔以德国政府顾问的身份主持拆除柏林墙，这一次，他使柏林墙的每一块砖以收藏品的形式进入了世界上200多万个家庭和公司，创造了城墙砖售价的世界之最。

1998年，卡塞尔返回美国。下飞机时，拉斯维加斯正上演一出拳击喜剧，泰森咬掉了霍利菲尔德的半块耳朵。出人预料的是，第二天，欧洲和美国的许多超市出现了"霍氏耳朵"巧克力，其生产厂家正是卡塞尔所属的特尔尼公司。卡塞尔虽因霍利菲尔德的起诉输掉了盈利额的80%，然而，他天才的商业洞察力却给他赢来年薪1000万美元的身价。

新世纪到来的那一天，卡塞尔应休斯敦大学校长曼海姆的邀请，回母校做创业演讲。演讲会上，一位学生向他提问："卡塞尔先生，您能在我单腿站立的时间里，把您创业的精髓告诉我吗？"那位学生正准备抬起一只脚，卡塞尔就答复完毕："生意场上，无论买卖大小，出卖的都是智慧。"

其实，卡塞尔所说的智慧就是财商。

由以上的故事中我们可以得出，财商具有以下两种作用：

第一，财商可以为自己带来财富。

学习财商，锻炼自己的财商思维，掌握财商的致富方法，就是为了使自己在创造财富的过程中，少走弯路，少碰钉子，尽快成为富翁。一旦拥有了财商的头脑，想不富都难。

第二，财商可以助自己实现理想。

现在，在市场经济大潮的冲击下，许多人纷纷下海淘金，都想圆富翁梦，却又囿于旧思想、旧传统，找不到致富之门。财商理念就犹如开启财富之门的金钥匙，用财商为自己创富，就可以实现自己的理想。有了钱，相信干别的也会很顺利。

总之，财商可以带来财富，可以实现自己的理想，也就是说，你就是金钱的主人，可以按照自己的意志去支配金钱，这时，幸福感就会布满你全身，这就是财商的魅力。拥有财商，也就是拥有了一种幸福的人生。

有的人天生就有赚钱的脑子，生意上八面玲珑，如鱼得水。有的人则显得迟钝缓慢、处处受挫，对自己赚钱的能力产生了极大的怀疑，也就是他对自己的财商失去了信心。抱怨自己天生就没有足够的财商是没有道理的。一个人的财商不是天生就有的，财商的多少，也就是一个人的财商指数，它取决于一个人在成功前吃了多少苦，精明的思考和接受教育的积累程度。打个比方说，就像把一个球放到水里，压得越深，最后的反弹越大。

在我们周围，大多数人陷入赚钱、失败、再寻找出路的怪圈中不能自拔，最主要的是没有真正学到关于金钱方面的知识。一般人每天的工作，大多是拼命地劳动挣钱，日复一日。他们聪明，才华横溢，受过良好的教育以及很有天赋，而对大脑经济潜能的开发几近于零。有些人的挣钱原则其实极为简单：稳定的工作压倒一切，而善于运用智慧、发挥财商的人则有远见得多，他们认为不断的学习才是一切。他们懂得"鸡孵蛋、蛋生鸡"的"钱生钱"理论。

我们应该有这样的决心，摒弃对金钱的恐惧和贪婪之心，让金钱为人工作，而不是像有些人那样成天生活在争取加薪、升迁或退休后的政府养老金的劳动保护之中。从这个角度而言，高财商的人不讳言金钱，却让金钱牢固地生根发芽直到逐步壮大，这种对挣钱所特有的激情和对金钱运转的眼光决定其成功。

首先应该学习富翁的思维方式

犹太经典《塔木德》中有这样一句话："要想变得富有，你就必须向富人学习。在富人堆里即使站上一会儿，也会闻到富人的气息。"穷之所以穷，富之所以富，不在于文凭的高低，也不在于现有职位的卑微或显赫，很关键的一点就在于你是恪守穷思维还是富思维。

爱思考的人不一定是一个富人，但富人一定是一个善于思考的人。因为思考是让一切做出改变的开始，也只有通过思考，才可以让一切改变。

真正的穷人是不会思考的，他不会去思考别人为什么能变成富人，更不会去思考自己为什么会是一个穷人。他会把自己穷的原因简单地归结于社会和他人，从不会觉得与自己有任何的关系。

有的人肯付出力气，但却不舍得动自己的大脑，认为思考是一件很痛苦的事情或者是自己不能做的事情。因为不善于思考，所以就不能做出改变，所以就成不了富人。

思维是一切竞争的核心，因为它不仅会催生出创意，指导实施，更会在根本上决定成功。它意味着改变外界事物的原动力，如果你希望改变自己的状况，获得进步，那么首先要做的是：改变自己的思维。

贫穷的人，不仅仅是因为没有钱，而在于根本就缺乏一个赚钱的头脑。富有的人，也不仅仅因为他们手里拥有大量的现金，而是他们拥有一个赚钱的头脑。

有这样一个故事，说的就是财富和头脑的关系：

有一个百万富翁和一个穷人在一起，那个穷人见富人生活舒适和惬意，于是对富人说：

"我愿意在您府上为您干活3年，我不要一分钱，但是你要让我吃饱饭，并且有地方让我睡觉。"

富人觉得这真是少有的好事，立即答应了这个穷人的请求。3年期满后，穷人离开了富人的家，从此不知去向。

10年又过去了，昔日的那个穷人，竟然已变得非常富有，以前的那个富人和他相比之下，反而显得很寒酸。于是富人向昔日的穷人提出：愿意出10万块钱，买下他变得这么富有的秘诀。

昔日的那个穷人听了哈哈大笑说："过去我是用从你那儿学到

的经验赚钱，而今天你又用钱买我的经验，真是好玩啊！"

原来那个穷人用了 3 年时间，学到了如何致富的秘诀。于是他赚到了很多钱，变得比那个富人还有钱，那个富人也明白了这个穷人比他富有的原因，是因为穷人的经验已经比他多了。为了让自己拥有更多的财富，他只好掏钱购买原来的那个穷人的经验。

要想富有，就必须学着像亿万富翁一样思考。只要去学着像他们一样思考，你就会得到他们拥有财富的秘诀。

香港领带大王曾宪梓是学习像富人一样思考的典型。

在商业竞争十分激烈的香港，曾宪梓正是因为独辟蹊径，抓住生产高档领带这个商机，才取得了事业上的成功。曾宪梓出生于广东梅县的一个农民家庭，从小生活极其艰苦，家中经济困难，无钱支付学费，从中学到大学的学费全靠国家发给的助学金。他 1961 年毕业于广州中山大学生物系，1963 年 5 月去了泰国，1968 年又回到香港。在这段时间中，他的处境甚为艰难，甚至给人当过保姆看孩子挣钱。空余时间他抓紧时间阅读有关经营方面的书籍，向一些内行人请教经营的基本常识和技巧，他还注意研究香港的工商业及市场情况。经过长期的琢磨思考，有一天终于从市场的"缝隙"中找到了发展的机遇：香港服装业很发达，400 多万香港人中，有不少人有好几套西装。香港比较流行的话，"着西装，捡烟头"，捡烟头的人都穿西装，可见西装之普遍。可曾宪梓发现，在香港没有一家像样的生产高档领带的工厂，于是他决定开设领带厂。

曾宪梓在决定办领带厂后，遇到了一系列想象不到的困难。

最初，他从人们的价格承受能力考虑，准备生产大众化的、低档次领带，试图以便宜的价格来吸引顾客，领带的批发价低至58元一打，减除成本38元，还可以赚20元。可惜，现实却偏偏开他的玩笑，买主拼命压价，利润所剩无几，尽管这样，领带还是不容易销出，一度经营不顺。

他吸取了产品"受阻"的教训，决定尝试生产高档领带。他用剩下的钱，到名牌商场买了4条受顾客欢迎的高级领带。买回后逐一"解剖"，研究它们的制造过程。他根据样品，另外制作了4条领带，并将"复制品"与原装货一起交给行家鉴别，结果以假乱真，行家也无法识别。这样一来，进一步坚定了他生产高级领带的想法。

他立即借了一笔钱，购买了一批高级布料，赶做了许多领带。岂料，领带商因怀疑产品质量而不从他这里进货，一度造成了产品的积压。

曾宪梓想，别人不买我的货，主要是不认识这些货，如果将它放在高档商店的显著位置，就会引起别人的注意，可能会打开销路。他把自己缝制的4条领带寄存在当时位于旺角的瑞星百货公司内，要求陈列在最显眼的位置，供顾客选择。功夫不负有心人，他的领带受到广泛好评，随后销量大增。曾宪梓也因此而一举成功。

人的一生之中，大部分成就都会受制于各种各样的问题，因此，在解决这些问题的时候，你首先要改变思维，问题才能够得到解决，事业才能够得到发展。

约翰的母亲不幸辞世，给他和哥哥约瑟留下的是一个小杂货店。微薄的资金，简陋的小店，靠着出售一些罐头和汽水之类的食品，一年节俭经营下来，收入微乎其微。

他们不甘心这种穷困的状况，一直探索发财的机会，有一天约瑟问弟弟：

"为什么同样的商店，有的人赚钱，有的人赔钱呢？"

弟弟回答说："我觉得是经营有问题，如果经营得好，小本生意也可以赚钱的。"

可是经营的诀窍在哪里呢？

于是他们决定到处看看。有一天他们来到一家便利商店，奇怪的是，这家店铺顾客盈门，生意非常好。

这引起了兄弟二人的注意，他们走到商店的旁边，看到门外有一张醒目的红色告示写着：

"凡来本店购物的顾客，请把发票保存起来，年终可凭发票，免费换领发票金额 5% 的商品。"

他们把这份告示看了几遍后，终于明白这家店铺生意兴隆的原因了。原来顾客就是贪图那年终 5% 的免费购物。他们一下子兴奋了起来。

他们回到自己的店铺，立即贴上了醒目的告示："本店从即日起，全部商品降价 5%，并保证我们的商品是全市最低价，如有卖贵的，可到本店找回差价，并有奖励。"

就这样，他们的商店出现了购物狂潮，他们乘胜追击，在这座城市连开了十几家门市，占据了几条主要的街道。从此，凭借这"偷"来的经营秘诀，他们兄弟的店迅速扩充，财富也迅速增长，兄弟俩成为远近闻名的富豪。

一个人成功与否掌握在自己手中。思维既可以作为武器，撼毁自己，也能作为利器，开创一片属于自己的未来。如果你改变了自己的思维方式，像亿万富翁一样思考，你的视野就会无比开阔，最终成功。

要学会赚钱而不是攒钱

许多人总是认为钱放在银行是最安全的，没有任何的风险，其实这种认识是不正确的，储蓄虽然是较为安全的一种，但在储蓄的过程中的确存在着操作上和通货膨胀的风险。由于储蓄风险的存在，常使储蓄利率下降，甚至本金贬值。

一般说来，风险是指在一定条件下和一定时期内可能发生的各种结果的变动程度。风险的大小随时间延续而变化，是"一定时期内"的风险，而时间越长，不确定性越大，发生风险的可能性就越大。所以，存款的期限越长，其利率也就越高。这是对风险的回报和补偿。

存款有以下风险：

1. 通货膨胀的风险

鉴于通货膨胀对家庭理财影响很大，我们有必要对通货膨胀有更多的了解。通货膨胀主要有两种类型，一种是成本推进型，一种是需求拉动型。如果工资普遍大幅度提高，或者原材料价格涨价，就会发生成本推进型通货膨胀；如果社会投资需求和消费需求过旺，就会发生需求拉动型通货膨胀。

通货膨胀产生的原因主要包括：

（1）隐性通货膨胀转变为显性通货膨胀

许多国家为了保持国内物价的稳定，忽视了商品比价正常变动的规律，实行对某些企业和消费对象财政补贴的政策。正是这种补贴，使原有价格得以维持，否则在正常情况下，这些商品的价格早已上涨了。一旦取消补贴，或把补贴转化为企业收入和职工收入，物价势必上涨，隐性通货膨胀就转化为显性通货膨胀。

（2）结构性通货膨胀

由于政策、资源、分配结构和市场等原因，一个时期内，某类产业某些部门片面发展，而另外的产业和部门比较落后，供给短缺，经过一段时间，只要条件改变，落后部门的产品价格势必上涨，由此带来整个物价水平的上升。

（3）垄断性通货膨胀

一国的经济中，如果存在某些部门、地区的社会性力量比较强大，对别的部门、地区居压倒性优势，则易于形成垄断性价格，并使价格居高不下乃至上升，构成垄断性通货膨胀。

（4）财政性货币发行造成通货膨胀

一般情况下，经济发展，需要每年增加一定的货币投放量，以满足流通和收入增长的需要。但是如果增发的货币不是由于经济增长和发展的需要，而是由于国家存在庞大的财政赤字，增发货币用来弥补赤字，则被称作财政性的货币发行，必然带来通货膨胀。

（5）工资物价轮番上涨型通货膨胀

物价上涨使工资收入者的实际工资降低，各方面需求增加工资以弥补实际收入的减少，如果国家采取了增发工资的政策，将导致通货膨胀的再攀高。

在存款期间，由于储蓄存款有息，会使居民的货币总额增加，但同时，由于通货膨胀的影响，单位货币贬值而使货币的购买力下降。在通货膨胀期间，购买力风险对于投资者相当重要。如果通货膨胀率超过了存款的利率，那么居民就会产生购买力的净损失，这时存款的实际利率为负数，存款就会发生资产的净损失。一般说来，预期报酬率会上升的资产，其购买力风险低于报酬率固定的资产。例如房地产、短期债券、普通股等资产受通货膨胀的影响比较小，而收益长期固定的存款等受到的影响较大。前者适合作为减少通货膨胀的避险工具。

通货膨胀是一种常见的经济现象，它的存在必然使理财者承担风险。因此，我们应当具有规避风险的意识。

2. 利率变动的风险

利率风险是指由于利率变动而使存款本息遭受损失的可能性。银行计算定期存款的利息，是按照存入日的定期存款利率计算的，因为利息不随利率调整而发生变化，所以应该不存在利率风险的问题。但如果有一笔款项，在降息之后存的话，相比降息之前，就相当于损失了一笔利息，这种由于利率下降而可能使储户遭受的损失，我们也把它称为利率风险。这是因为丧失良好的存款机会而带来的损失，所以也称之为机会成本损失。

3. 变现的风险

变现风险是指在紧急需要资金的情况下，你的资金要变现而发生损失的可能性。在未来的某一时刻，发生突发事件急需用钱是谁都难以避免的。或者即使你预料到未来某一时刻需要花钱，但也可能会因为时间的提前而使你防不胜防。这时，你的资产就可能面临变现的风险，要么你就不予以提前支取，要么你就会被迫损失一部分利息。总之，将使你面临两难选择。例如，如果你有一笔 1 年期的定期存款，在存到 9 个月的时候急需提取，那么你提前支取的时候就只能按照银行挂牌当日活期存款的利率获取利息，你存了 9 个月的利息就泡汤了。

由此可见，风险是投资过程中必然产生的现象，趋利避险是人类的天性，也是投资者的心愿。投资者总是希望在最低甚至无风险的条件下获取最高收益，但实际上两者是不可兼得的。储户在选择储蓄的时候，只能在收益一定的情况下，尽可能地降低风险；或者是在风险一定的情况下使收益最大。

4. 银行违约的风险

违约风险是指银行无法按时支付存款的利息和偿还本金的风险。

银行违约风险中最常见的是流动性风险，它是导致银行倒闭的重要原因之一。银行资产结构不合理、资金积压过于严重或严重亏损等，就会发生流动性风险。一旦发生流动性风险，储户不能及时提取到期的存款，就会对银行发生信任危机，进而导致众多其他储户竞相挤提，最后导致银行的破产。

一般来说，国家为维持经济的稳定和社会的稳定，不会轻易让一家银行处于破产的境地，但是并非完全排除了银行破产的可能性。如果银行自身经营混乱，效益低下，呆坏账比例过高，银行也是可能破产的。一旦发生银行的倒闭事件，居民存款的本息都会受到威胁。1998 年 6 月 21 日，海南发展银行在海南的 141

个网点和其广州分行的网点全都关门，成为中华人民共和国成立以来第一家破产的银行。

海南发展银行成立于1995年8月18日，它是在当时的富南、蜀光等5家省内信托投资公司合并改组基础上建立起来的，47家股东单位中海南省政府为相对控股的最大股东。总股本10.7亿元人民币。

1997年底，海发行已发展到110亿元人民币的资产规模，累计从外省融资80亿元，各项存款余款40亿元，并在2年多时间里培养了一大批素质较高的银行业务骨干。但从1997年12月开始海发行兼并了28家资产质量堪忧的信用社，使自身资产总规模达到230亿元，从而给海发行带来灭顶之灾。到1998年4月份，海发行已不能正常兑付，因此规定每个户头每天只能取2万元，不久又降为每天5000元，到6月19日的兑付限额已经下降到100元，从而使海发行最终走向了不归路。

海发行的破产为中国的银行业敲响了警钟，同时也为广大储户上了生动的一课。虽然海发行最后由工商行接管并对其储户进行兑付，但储户所遭受的信用风险是实在的。

学会从不同角度看世界

成功者和失败者最显著的差异之一就是，他们眼中的世界是不同的。失败者总是看到一个金钱稀缺的世界。这种观点反映在他们的谈话中："你觉得钱长在树上吗？"或者说："你觉得我在印钞票吗？"或说："我可付不起。"而在成功者的眼中则是一个截然不同的世界，他们能看到一个有很多钱的世界。这一观点同样表现在他们的话语中，比如："不要担心钱的问题，如果我们把自己的事做好，我们自然会有很多钱。"或"不要以没钱为借口而不去争取我们想要的东西。"

在罗伯特小时候，富爸爸在教他的一堂课上说："一般只有两种金钱问题，一种是钱太少，另一种是钱太多。你想碰到哪种问题呢？"

其实，大多数人都存在着钱太少这个问题。金钱就是一种观念，如果你总认为钱太少的话，那么你的现状就真的会是那样了。罗伯特所拥有的优势是，他来自两个家庭，这样罗伯特就可以感受到两种金钱问题，并且相信这两种都是问题。穷爸爸有缺钱的问题，富爸爸则是钱太多而产生的问题。

富爸爸对这种奇怪的现象是这样评论的："有些人通过继承遗产、中彩票或去拉斯维加斯赌博而一下子暴富，而后又突然一贫如洗，这是因为他们从心理上认为只存在一个金钱匮乏的世界。所以他们很快会失去已经到手的财富，然后又回到他们熟悉的金钱匮乏的世界中去。"

改变"这个世界是个金钱匮乏的世界"的观念曾是罗伯特个人奋斗的目标之一。从很早的时候起，富爸爸就让他清醒地认识一旦涉及金钱、工作和致富的问题时，到底应该怎样想。富爸爸确信穷人之所以贫穷是因为他们只知道一个到处缺钱的世界。富人说："你有什么样的金钱观念，你就会有什么样的金钱现状。直到你改变了金钱观念，你才能改变你的金钱现状。"

富爸爸就自己所看到的不同的观念所带来的不同情况的财务匮乏的原因作了概述：

你需要的安全保障越多，你在生活中的稀缺就会越多。

在你一生中，你越是竞争，例如，在学校为分数而竞争，在单位为工作、为晋升而竞争，你就会越感到匮乏。

一个人越想得到更丰富的物质，就越需要技能，就更需要创新精神和合作精神。有创新精神的人通常有很好的财务和业务技能，有合作精神的人，通常能为自己不断地增加财富。

罗伯特可以看到他的两个爸爸的不同态度，他的亲生父亲即穷爸爸总是叮嘱他做事要寻求保障和安全；富爸爸则鼓励罗伯特要提高理财技能和创新的能力，创造一个丰富的物质世界而不是一个贫乏的物质世界。

在讨论金钱匮乏的世界这个问题时，富爸爸突然拿出一枚硬币说："当一个人说'我负担不起'的时候，这个人只看到了硬币的一面。当你说'我怎样才能付得起'的时候，你就已经开始看到硬币的另一面了。问题是虽然有些人看到了事物的另一面，但他们只以眼睛去看它，而不用脑子去进行深层次的思考。这就是为什么有些人只看到富人表面上做的事，而不知道他们真正在想什么。若你真心想看到事物的另一面，你就必须要知道富人脑子里真正在想什么。"

中彩票的人几年后往往会破产，罗伯特问富爸爸这是怎么回事。他回答道："一个人突然拥有很多钱，而后破产，是因为他们仍然只看到了事物的一面。也就是说，他们仍沿用过去一贯的方式来管理钱，这就是为什么他们苦苦奋斗但依然很穷的最基本原因。他们只看到了一个金钱匮乏的世界，认为最安全的做法莫过于把钱存进银行靠利息过活。而能看到事物另一面的人，就会让这笔意外之财安全并迅速地增值。他们之所以能做到这点，就是因为他们看到了现实的另一面，在那一面是个金钱遍地的世界。他们能用他们的钱产生出更多的财富，从而更快地变富。"

后来，富爸爸退休了，将他的公司全部交给了他的儿子迈克，之后他找罗伯特小聚了一次。会面时，他给罗伯特看了一份3900万美元现金的银行报表。罗伯特吃惊地吸了口气，他说："其实这仅仅是在一个银行里的。我现在退休了，因为我要全心全意地去做自己的事，我将把钱从银行里取出来，并把它们投入到更有效益的投资中去。我想说的是这是我自己的专职工作，而且每年我都将使它变得更富有挑战性。"

会面结束了，富爸爸说："我花了多年心血培养迈克去管理这个能产生出更多钱的机器。现在我退休了，由他来管理这个机器。我能放心地退休，是因为迈克不仅懂得怎样经营这个机器，而且如果出了毛病，他还知道怎样去修理它。一些富家子弟之所以会赔掉他们父母留下的钱，是因为他们虽然在宽裕的环境中成长，但他们从来没有真正地学会怎样去建造一个造钱机器，也不知道如果它坏了该怎样去修理它。实际上，正是这些富家子弟破坏了这个造钱机器。他们本身成长在金钱富足的世界里，却从来不知道要进入这个世界该怎么做。现在你就有机会用我的建议转变自己并进入富有的世界。"

每当缺钱的恐惧与焦虑在人们的五脏六腑翻腾，并且这感觉越来越强烈时，我们就会做富爸爸教咱们的练习，我们要对自己说："世上有两种金钱问题。一种是钱太少的问题，另一种是钱太多的问题。你选择哪一种？"我们会在脑海里不断地问自己，同时也要更精确地把握这个世界。

我们是不是那种不根据事实、一厢情愿做事的人，是不是爱草率行事的固执的人？我们这样问自己是为了与自己本身固有的金钱观念作斗争。一旦平静下来，我们会命令自己去寻找解决问题的办法。出路可能是寻找新的答案、找新的顾问或参加一个自己不擅长领域的培训班。与自己我内心深处的恐慌作斗争的主要目的，是为了使我能够平静下来，然后继续前行。

现在很多人都被金钱匮乏而引起的恐慌所吓倒，这种恐慌占据并主宰了他们的生活，并进而影响到他们对金钱和风险的态度。人们的感情也经常操纵着他们的生活，恐惧、怀疑这样的情感会导致自我贬低和缺乏自信。

富爸爸教我们选择不同角度去看两个世界：钱太少的世界和钱太多的世界。富爸爸坚信，钱少时有个财务计划与钱多时有个财务计划是同等重要的。他说："如果你钱多时没有计划，那么你就会失去所有的钱，回到没有钱的世界中去，这是90%的人都熟悉的世界，应学会正确地面对这个世界。"

让金钱为自己工作

很多人总是被动地适应工作，他们认为工作的目的只是为了挣钱，为了养家糊口。他们为工作所累，身体和思想被金钱拴在工作这架沉重的机器上，成了工作的奴隶。甚至连那些富有才华的人，也同样如此，他们绝大多数却并不富裕。

对人均国民收入世界排名前30位的发达国家的一项调查显示，在这30个发达国家中，年收入在1万～5万美元的人占绝大多数为57％；年收入在5万～20万的人占10％；年收入在20万～100万美元的人占2％；年收入在100万～1000万美元的人占0.5％；年收入超过1000万美元的人不足0.05％。我们知道，发达国家的教育系统都是比发达的，受过高等教育的人口比例大都超过20％。不难得出，在这个世界上，高教育背景的人并未全致富。反过来，富人也并非全部高智商且受过良好的教育。博士为中学毕业的老板打工的事到处可见，世界上有太多的有才华的人。

这是为什么呢？有才华的打工者在思索，世界许多经济学者也在研究。

罗伯特的《富爸爸，穷爸爸》一书，通过对穷人和富人的各方面对比，告诉了人们答案。

首先，信息时代的到来，使财富的形式从农耕时代的土地和工业时代的不动产变为今天的知识、信息、网络，财富让观念陈旧的人看不到它的影子，更不用说利用新的观念去致富了。

其次，很多人追求职业保障而非财务保障。例如看到别人下海致富了，一些人边看边说："我很满意我的位置。"另一些人说："我对我的位置不满意，但是我现在不想改变或者移动。"他们还在固执地认为目前的职务可以给他带来生活保障，下海有巨大风险，为自己工作不如为别人工作安全。

最后，很多人不懂建立自己的财务系统的好处。而富人让资产为自己工作。他们懂得控制支出，致力于获得或积累资产。他们因开展业务而支付的必要花费应该从收入中扣除。但是，他们研究各项开支后得出结论，只要时机允许，就将需要纳税的个人支出，用于无须上税的公司业务支出。他们让业务中免税的情况达到最大限度。

当我们明白了贫穷的原因之后，我们可以得出一个结论：很多人为金钱而工作。

与此恰恰相反，富人从不为了金钱而工作，而是让金钱为自己工作。世界上到处都有精明伶俐、才华横溢、受过良好教育并且很有天赋的人，然而遗憾的是，真正能够很好利用才华的人总是太少，很可能是灵光闪现的一瞬间，彻底地改变一个人的财富命运。

在《富爸爸，穷爸爸》中，罗伯特从美国商业海洋学院毕业了。他受过良好教育的爸爸十分高兴，因为加州标准石油公司录用他为它的运油船队工作。他是一位三副，比起他的同班同学，他的工资不算很高，但作为他离开大学之后的第一份真正的工作，也还算不错。他的起始工资是一年 4.2 万美元，包括加班费。而且他一年只需工作 7 个月，余下的 5 个月是假期。如果他愿意的话，可不休那 5 个月的假期而去一家附属船舶运输公司工作，这样做能使年收入翻一番。

尽管有一个很好的工作等着他，但他还是在 6 个月后辞职离开了这家公司，加入海军陆战队去学习飞行。对此他受过良好教育的穷爸爸非常伤心，而富爸爸则赞赏他做出的决定。

"对许多知识你只需要知道一点就足够了。"这是富爸爸的建议。

当罗伯特放弃在标准石油公司收入丰厚的工作时，他受过良好教育的穷爸爸和他进行了推心置腹的交流。他非常吃惊和不理解罗伯特为什么要辞去这样一份工作：收入高、福利待遇好、闲暇时间长，还有升迁的机会。他一晚上都在问他："你为什么要放弃呢？"罗伯特没法向他解释清楚，他的逻辑与他的不一样。最大的问题就在于此，他的逻辑和富爸爸的逻辑是一致的，而受过良好教育的穷爸爸的逻辑与富爸爸的逻辑却不相同。

对于受过良好教育的穷爸爸来说，稳定的工作就是一切。而对于富爸爸来说，不断学习才是一切。

1973年从越南回国后，他离开了军队，尽管他仍然热爱飞行，但他在军队中学习的目标已经达到。他在施乐公司找了一份推销员的工作，加盟施乐公司是有目的的，不过不是为了物质利益，而是为了锻炼自己的才干。他是一个腼腆的人，对他而言，营销是世界上最令人害怕的课程，但施乐公司拥有在美国最好的营销培训项目。

富爸爸为他感到自豪，而受到良好教育的穷爸爸则为他感到羞愧。作为知识分子，穷爸爸认为推销员低人一等。罗伯特在施乐公司工作了4年，直到他不再为吃闭门羹而发怵。当他稳居销售业绩榜前5名时，他再次辞去了工作，又一次放弃了一份不错的工作和一家优秀的公司。

1977年，罗伯特组建了自己的第一家公司。富爸爸培养过迈克和他怎样管理公司，现在他就得学着应用这些知识了。他的第一种产品尼龙带褶裥的钱包，在远东生产，然后装船运到纽约的仓库里。他的正式教育已经完成，现在是他单飞的时候了。如果他失败了，他将会破产。富爸爸认为破产最好是在30岁以前，富爸爸的看法是"这样你还有时间东山再起"。就在他30岁生日前夜，富爸爸的货物第一次装船驶离韩国前往纽约。

直到今天，富爸爸仍然在做国际贸易，就像富爸爸鼓励他去做的那样，富爸爸一直在寻找新兴国家的商机。他的投资公司在南美、亚洲、挪威和俄罗斯等地都有投资。

有一句古老的格言说："工作的意义就是比破产强一点。"然而，不幸的是，这句话确实适用于千百万人，因为学校没把财商看作是一种智慧，大部分工人都"按他们的方式活着"，这种方式就是：干活挣钱，支付账单。

还有另外一种管理理论这样说："工人付出最高限度的努力以避免被解雇，而雇主提供最低限度的工资以防止工人辞职。"如果你看一看大部分公司的支付额度，你就会明白这一说法确实道出了某种程度的真相。

结果是大部分工人从不敢越雷池一步，他们按照别人教他们的那样去做：得到一份稳定的工作。大部分工人为工资和短期福利而工作。

相反，罗伯特劝告年轻人在寻找工作时要看看能从中学到什么，而不是只看能挣到多少。在选择某种特定的职业之前或者在陷入为生计而忙碌工作的"老鼠赛跑"之前，要仔细看看脚下的道路，弄清楚自己到底需要获得什么技能，不论你选择了什么工作，都不要忘记培养自己成为金钱的主人，让金钱为自己工作。

明天的钱今天用

有一则很富有哲理的小故事。一个中国老太太和一个美国老太太在入地狱之前进行了一段对话。

中国老太太说："我攒了一辈子的钱终于买了一套好房子，但是现在我又马上要入地狱了。"而美国老太太则说："我终于在入地狱之前把我买房子的钱还清。但幸运的是我一辈子都住上了好房子。"

初看这段对话，它只是反映了东西方人的消费观念的不同。但再进一步挖掘，其中蕴含了一个深刻的哲理，即要善于把自己明天（未来）的钱挪到今天用。过平常生活要如此，经商致富更是如此。这也是现代创富理念的重要内涵。

就一般人而言，在致富之初都缺乏资金，但这并不意味着他今后没有钱。这主要取决于他对自己未来事业的信心和个人成功致富的基本素质与条件。只要他个人有信心致富，个人有良好的致富素质和条件，那么他未来就肯定能成为一个富人。既然他未来是富人，那么就可以把未来的钱挪到今天用。

中国的改革开放20多年来，人们的观念发生了翻天覆地的变化，尤其是在财商理念的熏陶之下，在我国又掀起了一股理财的浪潮。

赵先生经商数年，虽然算不上是家财万贯，也是薄有积蓄。刚刚在市郊购买了一栋百余平方米的高档住宅。房子有了，交通却成问题了。于是赵先生打算买一辆车，公私两用。可谈到买车，赵先生却犹豫了。赵先生一直青睐本田雅阁，价格合理，售后服务也不错，现在也不用加价提车了。赵先生只是拿不准应该是一次性付款，还是应该贷款买车。于是他向两位好友——大刘和小魏咨询。

大刘说："赵哥，我劝你一次性付款。方便省事，一手交钱，一手提车，当天就可以搞定。既不用整天跑银行去办贷款手续，又不用付给银行利息。你又不是拿不出那十几万块钱，你说对不？"赵先生听完，连连点头称是。

可死党小魏一听大刘这话，一个劲儿地直晃脑袋："不对不对，绝对不对。赵哥，车只会越用越旧，价值在降低，但这就是说买车不是投资，不会增值。应该贷款买车，把省下来的钱拿去投资股票、地产，只要投资得当，没准贷款没还完，车钱就能先赚回来了呢。"听了这话，赵先生认为也很有道理。

于是，赵先生就自己算了算，车价＋新车购置税＋牌照费用＋保险费用，共计是：290323元。

如果首付30%，分3年按揭，首付128095元，每月还款本金5052元，利息439元，合计5491元。3年共计还款325771元。如果首付30%，分5年按揭，则首付144731元，月还本金3031元，利息449元，合计3480元。5年共计还款353531元（首付指：汽车价格×首付百分比＋车辆购置税＋保险费用＋牌照费用）。

现在我们看到，同样一辆新雅阁，贷款购车（3年按揭）比一次性付款要累计多交35448元，而首付则可减少162228元。换句话说，赵先生如果选择贷款购车，要在 3 年内用这 162228 元，净赚到 35448 元以上，即年收益率在 7.28％ 以上，才有利可图。当然，这么说是不算 3 年汽车折旧费的。如果你对于高风险投资自认很在行，不妨贷款购车，用省下来的钱去投资；如果你觉得这钱在手里的收益达不到这么高，那还是一次性付款更划算。

贷款买车是近几年新兴的一种购车方式。它是指购车人使用贷款人发放的汽车消费贷款购车，然后分期向贷款人偿还贷款。双方本着"部分自筹、有效担保、专款专用、按期偿还"的原则，依法签订借款合同。

在汽车消费大国——美国，80％ ~ 85％ 的消费者都是通过汽车贷款来购车。在中国，根据慧聪 160 电话调查中心的统计，有68.3％ 的人愿意选择分期付款的方式，31.7％ 的人选择一次性付款方式。可见，贷款买车还是深入人心的，是一种大众十分乐于接受的购车方式。对于中国大部分普通家庭来说，贷款购车，分期还款的方式，降低了汽车消费门槛，圆了他们的汽车梦。对于汽车企业来说，贷款购车极大地刺激了百姓的汽车消费热情，使得中国的汽车销售有了一个井喷期。这其实是一种把明天的钱放在今天用的消费方式。

善用别人的钱

很多人贫穷的主要原因，就是只知道花自己的钱，他们将挣的钱存在银行，要用钱的时候就小心翼翼地到银行取钱，他们很少想到用别人的钱来消费或做生意。而成功者则认为善用别人的钱赚钱，是获得巨额财富的好方法。富兰克林、尼克松、希尔顿都用这个方法。如果你已经很省钱，同样的方法依然适用。

威廉·尼克松说："百万富翁几乎都是负债累累。"

富兰克林在 1748 年《给年轻企业家的遗言》中说："钱是多产的，自然生生不息。钱生钱，利滚利。"

所谓"用别人的钱"是正当、诚实的，绝不违背道德良知。同时，要进行优惠的回馈。

诚信是无可替代的，缺乏诚信的人，即使花言巧语，也会被人识破。使用别人的钱，首重诚信。诚信是所有事业成功的基础。

银行是你的朋友。银行的主要业务是放款，把钱借给诚信的人，赚取利息；借出愈多，获利愈大。银行是专家，更重要的是，它是你的朋友，它想要帮助你，比任何人更急于见到你成功。

加州的威尔·杰克是百万富翁。起初他身无分文，直到外出工作，才有了一些积蓄。每个周末威尔会定期到银行存款，其中一位柜员注意到他，觉得这个人天生聪慧，了解金钱的价值。

威尔决定创业，从事棉花买卖，那位银行工作人员向他放款。这是威尔第一次使用别人的钱。一年半之后，他改为买卖马和骡子，过了几年，累积了许多的经验。

有一次，两个保险公司的业务员来找他。两个人都是优秀的保险业务员，业绩非常好，他们用推销保险的收入，自己开公司，却经营不善，只好把公司转卖给别人。

很多销售人员以为只要业绩好，企业就能获得利，这是错误的观念。不当的管理会将利润腐蚀殆尽。他们的问题正是如此，两个人都不懂管理。

他们找到威尔，说出自己失败的教训。"我们的公司没有了，推销保险至今所赚取的佣金，都缴了学费。如今连养家糊口都有困难。"

"我们对于推销工作非常在行，应该尽量发挥。你具有专业的知识和经验，我们需要你，大家共同合作，一定会成功。"

几年之后，威尔买下他和那两位推销员共同创立的公司全部股份，他怎么有钱？当然是向银行借钱。因为从小他就知道银行是他的朋友。

威尔向加州银行贷款。银行非常乐于把钱贷给像威尔一样有诚信的人，并且有可行性的人。威尔的贷款额度不受限制，他的寿险公司，原来的资本只有40万。通过基本客户群制度，在短短10年之内，获得4000万。其后，他更运用别人的钱投资旅馆、办公大楼、制造厂和其他企业。

资金困难时，借钱是明智之举。但是，借钱的同时必须考虑到自己的实力、信用，提出切合实际的要求，才不会被拒绝，这是真正的借钱生财术。

看着别人赚钱容易，而自己一动手却会失败，这是许多不敢创业者的心理状态。但要成功地创业就一定要克服这种畏惧心理，找到一条风险小又容易成功的道路。

显然，用"利用别人的钱"的方法，比用现金的方法，所赚的钱要多得多。"利用别人的钱"的缺点——这是难免的——是你要担更大的风险。如果你刚把地买下来，附近房地产的价值就跌下来，这种办法就会把你弄得一身是债，骑虎难下。这时，你不是忍痛赔钱把它卖掉，就是背着债，一直到市场好转，而采取现金式的办法，就不会有这种麻烦。

把死钱变成活钱

"存钱防老"，是很多人一贯的思想。在富人的观念里面，"有钱不要过丰年头"，与其把钱放在银行里面睡觉，靠利息来补贴生活费，养成一种依赖性而失去了冒险奋斗的精神，不如活用这些钱，将其拿出来投资更具利益的项目。

成功者认为，要想捕捉金钱，收获财富，使钱生钱，就得学会让死钱变活钱。千万不可把钱闲置起来，当作古董一样收藏，而要让死钱变活，就得学会用积蓄去投资，使钱像羊群一样，不断地繁殖和增多。

富人经商有个特点，采取彻底的现金主义。

富商凯尔，资产上亿美元，然而他却很少把钱存进银行，而是将大部分现金放在自己的保险库。

一次，一位在银行有几百万存款的日本商人向他请教这一令他疑惑不解的问题。

"凯尔先生，对我来说，如果没有储蓄，生活等于失去了保障。你有那么多钱，却不存进银行，为什么呢？"

"认为储蓄是生活上的安全保障，储蓄的钱越多，则在心理上的安全保障程度越高，如此积累下去，永远没有满足的一天。这样，岂不是把有用的钱全部束之高阁，把自己赚大钱的机会减少了，并且自己的经商才能也无从发挥了吗？你再想想，哪有省吃俭用一辈子，光靠利息而成为世界上知名富翁的？"凯尔不慌不忙地答道。

日本商人虽然无法反驳，但心里总觉得有点不服气，便反问道："你的意思是反对储蓄了？"

"当然不是彻头彻尾地反对，"凯尔解释道，"我反对的是，把储蓄当成嗜好，而忘记了等钱储蓄到一定时候把它提出来，再活用这些钱，使它能赚到远比银行利息多得多的钱。我还反对银行里的钱越存越多时，便靠利息来补贴生活。这就养成了依赖性而失去了商人必有的冒险精神。"

凯尔的话很有道理，金钱只有进入流通领域，才能发挥它的作用。因为，躺在银行里的钱，几乎和废纸没什么区别。

富人经商，很重要的秘诀是不存钱。在18世纪中期以前，他们热衷于放贷业务，就是把自己的钱放贷出去，从中赚取高利。到了19世纪后，直至现在，他们宁愿把自己的钱用于高回报率的投资或买卖，也不肯把钱存入银行。

这是一门资金管理科学。它表明做生意要合理地使用资金，千方百计地加快资金周转速度，减少利息的支出，使商品单位利润和总额利润都得到增加。

做生意要有本钱，但本钱总是有限的，连世界首富也只不过百亿美元左右。但一个企业，哪怕是一般企业，一年也可做几十亿美元的生意，如果是大企业，一年要做几百亿美元的生意，而企业本身的资本，只不过几亿或几十亿美元。他们靠的是资金的不断滚动周转，把营业额做大。

普利策出生于匈牙利，17岁时到美国谋生。开始时，在美国军队服役，退伍后开始探索创业路子。经过反复观察和考虑后，他决定从报业着手。

为了搞到资金，他靠自己打工积累的钱赚钱。为了从实践中摸索经验，他到圣路易斯的一家报社，向该社老板求一份记者的工作。开始老板对他不屑一顾，拒绝了他的请求。但普利策反复自我介绍和请求，言谈中老板发觉他机敏聪慧，勉强答应留下他当记者，但有个条件，半薪试用一年后再定去留。

普利策为了实现自己的目标，忍耐老板的剥削，并全身心地投入到工作之中。他勤于采访，认真学习和了解报馆的各环节工作，晚间不断地学习写作及法律知识。他写的文章和报道不但生动、真实，而且法律性强，吸引广大读者。面对普利策创造的巨大利润，老板高兴地吸收他为正式工，第二年还提升他为编辑。普利策也开始有点积蓄。

通过几年的打工，普利策对报社的运营情况了如指掌。于是他用自己仅有的积蓄买下一间濒临歇业的报馆，开始创办自己的报纸——《圣路易斯邮报快讯报》。

普利策自办报纸后，资本严重不足，但他很快就渡过了难关。19世纪末，美国经济迅速发展，很多企业为了加强竞争，不惜投入巨资搞宣传广告。普利策盯着这个焦点，把自己的报纸办成以传递经济信息为主的媒体，加强广告部，承接多种多样的广告。就这样，他利用客户预交的广告费使自己有资金正常出版发行报纸。他的报纸发行量越多广告也越多，他的收入进入良性循环。即使在最初几年，他每年的利润也超过15万美元。没过几年，他成为美国报业的巨头。

普利策当初分文没有，靠打工挣的半薪，然后以节衣缩食省下极有限的钱，一刻不置闲地滚动起来，发挥更大作用，他是一位做无本生意而成功的典型。这就是"不做存款"和"有钱不置半年闲"的体现，是成功经商的诀窍。

美国著名的通用汽车制造公司的高级专家赫特曾说过这样一句耐人寻味的话："在私人公司里，追求利润并不是主要目的，重要的是把手中的钱如何用活。"

对这个道理，许多善于理财的小公司老板都明白但并没有真正地利用。往往公司略有盈余，他们便开始胆怯，不敢再像创业那样敢做敢说，总怕到手的钱因投资失败又飞了，赶快存到银行，以备应急之用。虽然确保资金的安全乃是人们心中合理的想法，但是在当今飞速发展、竞争激烈的经济形势下，钱应该用来扩大投资，使钱变成"活"钱，来获得更高的利益。这些钱完全可以用来购置房产店铺，以增加自己的固定资产，到10年以后回头再看，会感觉到比存银行要增很多利，你才会明白"活"钱的威力。

商业是不断增值的过程，所以要让钱不停地滚动起来，成功者的经营原则是：没有的时候就借，等你有钱了就可以还了，不敢借钱是永远不会发财的。

有句话说："人往高处走，水往低处流。"还有句话说："花钱如流水。"金钱确实流动如水。它永远在不停地周转流通，在这个过程中，财富就产生了。像过去那些土财主一样，把银子装在坛子里埋在地底下，过一万年还是只有这么多银子，丝毫也没有增值。

第四章

活用财富定律:
超级富豪都在用的黄金法则

内卷化效应：不断创新，避免原地踏步

多年前，一位记者到陕北采访一个放羊的男孩，曾留下一段经典对话：

"为什么要放羊？"

"为了卖钱。"

"卖钱做什么？"

"娶媳妇。"

"娶媳妇做什么呢？"

"生孩子。"

"生孩子为什么？"

"放羊。"

这段对话对"内卷化"现象进行了令人印象深刻的解释。多少年来，农民的生存状态没有发生什么改进，这在于他们压根儿没想到过改进。

"内卷化效应"概念被广泛应用到了政治、经济、社会、文化及其他学术研究中。"内卷化"其实并不深奥，观察我们的现实生活，"内卷化"现象比比皆是。比如在偏远农村，虽然已经改革开放30多年，但当地的农民仍然过着"一亩地一头牛，老婆孩子热炕头"的农耕生活。再如，一些家族企业，措施和办法因循守旧，重要岗位总是安排亲人把守，管理哲学是"打仗亲兄弟，上阵父子兵"，用自己的人放心。于是，在企业内部，人情重于能力，关系重于业绩，外部的新鲜空气难以吹进来，真正优秀的人才也吸引不进来。几年过去了，厂房依旧，机器依旧，规模依旧，各方面都没有多大变化。

思想观念的故步自封，使得打破"内卷化模式"的第一道关卡就变得非常困难。整天忙碌的人们，虽然没有站在黄土地上守着羊群，但在思想上是否就比那个放羊的小孩高明呢？他们怨天尤人或者安于现状，对职业没有信念，对前途缺乏信心，工作结束就是生活，生活过后接着工作，对"内卷化"听之任之，人生从此停滞不前。

我们身边随处可以看到陷入"内卷化"泥沼的人：老张当了一辈子干事，眼看着身边的人一个一个都升迁了，心里酸溜溜地难受；作家老李，20岁出头就以一个短篇获得了全国性大奖，但是20多年过去了，他不再有有影响的作品问世，而和他同时起步的同行已成了全国知名作家；老王，技工一做15年，同辈人已升任高工和主管，他却还是戴着一顶技工的帽子……

同样的环境和条件，有的人几年一个台阶，无论是专业能力还是岗位，都晋升很快，而另一些人却原地不动，多少年过去了仍然还在原地踏步。为什么会出现这种现象？人为什么会陷入"内卷化"的泥沼？

分析个人的"内卷化"情况，根本出发点在于其精神。如果一个人认为这一生只能如此，那么他的命运基本上也就不会再有改变，生活自此充满自怨自艾；如果一个人相信自己能有一番作为，并付诸行动，那么他便可能大有斩获。

"内卷化"的结果是可怕的。大到一个社会，小到一个企业，微观到一个人，一旦陷入这种状态，就如同车入泥潭，原地踏步，裹足不前，无谓地耗费着有限的资源，浪费着宝贵的人生。它会让人在一个层面上无休止地内缠、内耗、内旋，既没有突破式的增长，也没有渐进式的积累，让人陷入一种恶性循环之中。

生活陷入"内卷化"的普通人迫切需要改进观念，而那些成功人士也要更新理念，否则"内卷化"的后果往往更为严重。为什么有些人注定一辈子只能做一个小老板？并非他们不想做大做强，而是思想观念停滞在小的层面。小老板需要精明，而大老板不仅需要精明，更需要气度。20世纪90年代，我国的民营企业纷纷进入多事之秋，很多著名企业一夜之间轰然崩塌，其中一个主要原因就是企业管理者的思想观念停在原地，面对国际化接轨、现代化生产的局势，这些企业的老板还在用小农思想进行管理。在市场中竞争如同逆水行舟，不进则退，倒闭是自然的事。

总而言之，一个企业或一个人要想摆脱"内卷化"状态，就要先确信自己是否还有上进的志气。如果有，再看看自己的实力是否强大。精益求精，发挥极限，这样才能最大限度地提升自己。只有充分地发挥自身力量，才能突破和创新，才能在未来的发展中呈现出一片勃勃生机。

比较优势原理：把优势发挥到极致

饶春毕业于北京外国语大学英语专业，在一家外资公司任部门经理助理，月薪6000元。年轻靓丽的她，毕业两年里换了几份工作，但不外乎助理、秘书、文员、前台等。最近，她一咬牙又辞了职，报名参加茶艺师培训，决心做个茶艺师。很多朋友不理解，放着好好的白领不当，辞职去学什么茶艺？可饶春自有一番道理。"说是白领，可每天干的活不外乎跑腿、帮经理写英文E-mail、打字、接待客人等，凡有个大学文凭的人都能干。跳槽呢，最多挪个窝继续做助理，学不到一技之长。我一晃就要奔30岁了，还不知道自己的核心竞争力在哪儿。"

生活忙忙碌碌，找不到出路，为何不选一种自己想要的生活呢？饶春准备学了茶艺之后，利用自己的英文特长，向外国友人介绍中国博大精深的茶文化，她要在茶艺世界里找到属于自己的天地。

"6000块的薪水说高不高、说低不低，工作也没什么挑战性，每天原地踏步，知识一点点被'折旧'。与别的白领相比，我的英语水平不算高，但在茶艺行业里，这就是我的优势。"饶春说，"找到自己的优势，就特别容易获得发展，建立自己的核心竞争力。"

任何优势都是建立在比较基础上的，都是相对的，没有比较，优势就无从谈起。在国际贸易中有个重要的经济学理论——"比较优势理论"，这个理论的定义是，如果一个国家在本国生产一种产品的机会成本（用其他产品来衡量）低于在其他国家生产该产品的机会成本的话，则这个国家在生产该种产品上就拥有比较优势。

与比较优势相对应的一个概念是绝对优势。比如，甲和乙两个人，甲比乙会理财，那么，甲在理财方面相对于乙有绝对优势；A国的彩电制造技术比B国强，A国在彩电制造上相对于B国有绝对优势。比较优势和绝对优势是否决定了人与人之间的分工关系或者国与国之间的贸易关系呢？我们进行如下分析：

甲比乙会理财，在这两个人中当然是甲来理财；A 国比 B 国会生产彩电，当然是 A 国向 B 国出口彩电。但进一步推敲就会发现这个推论并不一定成立。甲比乙会理财，但甲比乙更会推销产品，在这个团队中谁来理财，谁来营销？答案是为了团队的总体利益，甲只能忍痛割爱，将账本留给乙。乙虽然不如甲会理财，但乙在推销产品上能力更差。将账本给乙，能够为甲腾出时间去搞推销。在这个团队中，甲的比较优势是营销，而乙的比较优势是理财。人与人之间的分工合作关系建立在比较优势之上，而不是绝对优势之上。

为什么会出现这样的结果？这种分配的前提是人的时间和精力是有限的。尽管甲各个方面都比乙强，但甲不可能一个人承担所有的任务。因为如果甲选择什么都自己做，受时间资源的限制，甲的收益会少于和乙合作所得的份额。同样道理，尽管 A 国在彩电生产上相对于 B 国有绝对优势，但在电脑生产上的绝对优势更大，那么AB 两国贸易中会是 A 国向 B 国出口电脑，B 国向 A 国出口彩电。两国的贸易关系是建立在比较优势而不是绝对优势的基础上的。

比较优势原理告诉我们，对一个各方面都强大的国家或个人而言，聪明的做法不是仰仗强势，处处逞能，而是将有限的时间、精力和资源用在自己最擅长的地方。反之，一个各方面都处于弱势的国家或个人也不必自怨自艾，抱怨自己的先天不足。要知道，"强者"的资源也是有限的，为了它自身的利益，"强者"必定留出地盘给"弱者"。比较优势原理的精髓就是我们中国人所说的"天生我材必有用"。

人力资源专家更注重个人的职业生涯发展和规划，更关心职业生涯发展的可持续性，这就不得不要求每个人从动态比较优势入手，合理分配个人的时间和精力，用以增加自身的职业生涯发展的"资产"。

如何获得这些资产？人力资源专家的建议是有计划地把收入中的一部分以自我投资的形式消费。具体讲就是把看似是支出的那一部分钱投入到对自己的各种形式的培训充电上。培训充电的内容应该首要考虑自己的专业和工作领域，因为这更容易使自己建立个人核心竞争力，从而在职场上拥有竞争优势。

蜕皮效应：勇于挑战，不断超越

有个生活非常潦倒的销售员，每天都埋怨自己"怀才不遇"，认为是命运在捉弄他。圣诞节前夕，家家户户张灯结彩，充满佳节的热闹气氛。他坐在公园的一张椅子上，开始回顾往事。去年的今天，他孤单一人，以酗酒度过了他的圣诞节，没有新衣，也没有新鞋，更别谈新车、新房了。

"唉！今年我又要穿着这双旧鞋度过圣诞了！"说着他准备脱掉穿着的旧鞋。

这个时候，他看见一个年轻人拄着拐杖走过，他立即醒悟："我有鞋子穿是多么幸福！他连穿鞋的机会都没有啊！"

经过这次顿悟，这位推销员"蜕掉"了自己萎靡不振的一层"皮"，从此脱胎换骨，发愤图强，力争上游。不久，他就因为销售成绩显著而多次得到加薪。后来，他开办了自己的销售公司，并最终成了一名百万富翁。

蛇只有经过一次次蜕皮才能够成长。同样，人也必须经历不断的自我否定，才能够进步。墨守成规、满足现状只会导致故步自封，最终难逃被淘汰的命运。积极的成功者永远是不安分的，因为他们永远不会停止前进的脚步，每时每刻都在追求更高、更强、更好的目标。

许多节肢动物和爬行动物在生长期间会定期蜕皮，蜕掉旧的表皮，再慢慢长出新的表皮。通常，每蜕皮一次，这些动物就长大一些。等到蜕皮几次之后，这些动物就基本成熟，获得了完全依赖自己生活的能力，可以自己保护自己了。

蜕皮是一个痛苦的过程。把原有的皮蜕掉本身就是疼痛难忍的，在新皮长出来之前，往往还要面临着行动不便、无法捕食的危险，甚至无法抵御天敌的侵袭。因此，每一次蜕皮，都是一次生与死的考验。但是经过蜕皮的痛苦过程之后，换来的是新生，是更强壮、更成熟的生命。这就是"蜕皮效应"：满足现状，往往只会故步自封，只有超越自己，才能不断成长。

爱迪生研究电灯时，工作难度出乎意料的大，1600种材料被他制作成各种形状的灯丝，效果都不理想，要么寿命太短，要么成本太高，要么太脆弱，工人难以把它装进灯泡。全世界都在等待他的成果。半年后人们失去耐心了，纽约一家报纸说："爱迪生的失败现在已经完全证实。这个感情冲动的家伙从去年秋天开始就研究电灯。他以为这是一个完全新颖的问题，他自信已经获得别人没有想到的用电发光的办法。可是，纽约的著名电学家们都相信，爱迪生的路走错了。"

爱迪生不为所动，继续自己的实验。英国皇家邮政部的电机师普利斯在公开演讲中质疑爱迪生，他认为把电流分到千家万户，用电表来计量，是一种幻想。当时，人们还在用煤气灯照明，煤气公司竭力说服人们，爱迪生是个大骗子。就连很多正统的科学家都认为爱迪生在想入非非。有人说："不管爱迪生有多少电灯，只要有一只寿命超过20分钟，我情愿付100美元，有多少买多少。"有人说："这样的灯，即使弄出来，我们也用不起。"爱迪生毫不动摇，在进行这项研究一年之后，他终于造出了能够持续照明45小时的电灯，完成了对自己的超越。

即便反对声如潮，爱迪生还是不为所动，坚持自己的研究发明。经过不懈地坚持和努力，爱迪生不但促成了自己的蜕变，牢牢地树立了自己在世人心目中的伟大的发明家形象，而且促成了人类生活方式的一次大变迁。也正是因为他的这项发明，人类才真正进入了电气时代。

对自己或对工作不满的人，首先要把自己想象成理想中的自己，并且拥有极好的工作机会。再采取行动。如果耐心地进行这种自我改造，就能发挥个性中本就具有的强大的精神力，使自己和工作按照理想的样子发生改变，从而取得成功。

一条蛇如果不舍得蜕去原有的皮，那么它永远也长不大，只会被淘汰；一个庞大的企业，如果领导者不知改进，员工也墨守成规、不思进取，那么这个企业也必定会逐渐衰退；一个人即使目前工作很不错，眼前的事情都能应付得来，但如果不追求进步，终有一天会被自己的工作抛弃。

不要幻想着我们可以永远保持我们目前的状况。满足于现状的心态是我们成功路上最大的障碍。满足于现状会使人变得没有信心，认为创造、革新或者成功都与自己没有关系。如果你满足于现状，那么可能会把注意力放在一些微不足道的地方，不关心创新的机会，埋没了本可以发挥的才华。千万不要满足于现状，因为这样会使你的才能被自己的惰性埋没掉。

人的才华是没有极限的，唯一的限制来自我们自身！蜕掉旧的皮，这样才有长大的空间，这样才能获得新的生命力！只有超越了自己，才能够不断进步，最终超越别人。对于成功来说，最大的障碍往往来自自身。不要自我设限，要不断制定高的目标，我们才能每天都有所进步！

72 法则：找对时机，让资产翻倍

2005 年王先生 30 岁，在年初的时候他投入 10 万元为自己建立了一个退休养老账户，这个账户每年的投资回报率是 9%，那么他的养老账户的增值情况如下表。

年龄	30 岁	38 岁	46 岁	54 岁	62 岁
账户资产	10 万	20 万	40 万	80 万	160 万

为什么我们会得出这样一个结论呢？这样的账户资产是怎么计算出来的呢？从这个表中，我们可以看出一个规律：每 8 年王先生的账户资产就会翻一番，而 9% 的投资回报率与账户资产翻番的年限乘积永远都是 72，也就是说，用 72 除以投资回报率之

后的数据大概就是账户资产翻番的年限。这就是经济学中著名的"72法则"。

通过运用"72法则"，我们可以计算出王先生的账户每8年会翻一番：72/9 = 8年。由此我们可以看出，在王先生62岁的时候，他的养老账户已经增值到160万元，比最初的投入增值16倍。如果王先生到38岁（晚8年）才建立自己的养老金账户，那么到62岁时，王先生的账户只有80万元，前后有80万元的差别！因此我们说，投资应该尽早，这样我们才可以在同样的年纪收获更多的财富。

所谓的"72法则"就是以1%的复利来计息，经过72年以后，你的本金就会变成原来的一倍。这个公式具有很强的实用性，例如，利用5%年报酬率的投资工具，经过14.4年（72/5）本金就变成原来的一倍；利用12%的投资工具，则要6年左右（72/12），就能让本金翻番。

如果你手中有100万元，运用了报酬率15%的投资工具，你可以很快知道，经过约4.8年，你的100万元就会变成200万元。

虽然利用72法则不像查表计算那么精确，但已经十分接近了，因此当你手中缺少一份复利表时，记住简单的72法则，或许能够帮你不少忙。

72法则同样还可以用来算贬值，例如，通货膨胀率是3%，那么72/3=24，24年后一元钱就只能买五毛钱的东西了。

从小就喜欢数学，长大之后充分利用自己这一优势而成为了一名投资者的崔益铉说："'72法则'是很容易计算出复利的数学法则，采用复利收益率去投资，从某种观点来看，投资成本在不久的将来会翻一倍。"

学会活用"72法则"，对投资来说，是相当重要的一件事情。在这里，还有更重要的一点，那就是很多人在投资时，总是很注重投资目标时间和目标收益。为了达到目标时间获得目标收益的目的，他们会利用"72法则"，算出自己应该投资复利率多少的投资品种，以便决定投资品种。

多米诺骨牌效应：莫让一次失败套走你所有的财富

投资创业几乎是每一位有志者的奋斗目标。刚起步时，我们很容易太过冲动，总是思考如何让事业持续到永远。

然而，相关的调查数据告诉我们，让事业永远沿着一个方向持续下去是个不折不扣的幻想。那么，如果能够预测经济衰退或危机什么时候到来，我们就能及时地撤退，从而避免多米诺骨牌效应的发生。

美国麦金利咨询公司调查显示，20世纪20～30年代，全球500强企业的平均寿命是65年，到了1960年变成了30年，而到了1990年缩短至15年，估计到2010年，企业的平均寿命为10年。所以，没有做好撤退的准备就开始创业是一件非常冒险的事情。

虽然顺利地撤退对于确保整体的利润是非常重要的，但人们很少提起它，大概是因为现实中，人们更加关注成功，而避讳失败吧。

在这个充满竞争、高速发展的新时代，任何企业都无法永远处于鼎盛。所以，明智的创业投资者，从一开始就要研究中止事业时将面临的风险。在此基础上，轻装上阵。

具体来说，要尽可能地做到零库存，要坚持预先付款、现金回收的原则，不要有拖欠的货款；必须严格坚守不签长期租约、不借钱的原则。

在创业的过程中，客户可能希望你能有库存，也可能提出延长付款期等各种要求。如果答应了客户的要求，就有可能让你的事业背负极大的风险。也有的经营者抱着没有风险就没有利益的想法，认为有增加库存的必要，可是如果所得利润不足以维持库存的话，企业的运转就会崩溃。

迄今为止，大家都认为坚持是良好的品质，而且，中途停止事业会使我们对顾客心怀歉意。可是，事实上即使是像证券公司这样的大企业倒闭后，也没有多少顾客会因此烦恼。

事实上，与其说中途停止事业要冒很大的风险，倒不如说，不预测中止时间、不采取相应对策才是最危险的。如果撤退的壁垒已经被升高了，想退都退不了，那你的事业也就走到终点。

250 定律：每一位顾客都是上帝

企业经营者应该重点研究什么呢？

针对这个问题，共同经营一家企业的两兄弟发生了激烈的争论。哥哥认为应该研究竞争对手，了解竞争对手的一举一动，并制定相应的战略；弟弟则认为应该研究内部管理，不断提升内部管理水平，自己强大了，竞争对手就相对弱小了。

两兄弟的观点都有道理，谁也说服不了谁。在相持不下时，他们决定去请教他们的父亲。

父亲是一代商神，白手起家创立了兄弟俩现在经营的商业王国。"竞争对手当然要研究，知己知彼，百战不殆；内部管理也应该研究，提升管理是企业的一项基础工程。"父亲说，"但这都不是研究的重点，重点应该是消费者。"

"此话如何理解？"兄弟俩问。

"企业经营，如同一幕大戏，你们认为大戏的主角应该是谁呢？"父亲反问道。

"是竞争双方。"哥哥说。

"企业的经营者。"弟弟说。

"你们都错了。"父亲说，"真正的主角是消费者。无论是竞争的双方，还是企业的经营者，都是导演，而不是演员。导演应该关注的当然是主角——消费者。那种只关心竞争对手，和竞争对手打打杀杀的经营者，等于是把主角晾在一边，自己和竞争对手充当了主角。只关心自己内部管理的经营者，则是在自导自演独角戏，这出戏可能根本就没有人喜欢。"

在这个故事中，"父亲"的回答，解决了企业经营者"心里想着谁，关注谁，研究谁"的问题。

正是从这个角度出发，著名推销员和演讲家乔·吉拉德总结归纳出神奇的250定律。他创造了商品销售最高纪录，被载入《吉尼斯大全》，他曾经连续15年成为世界上售出汽车最多的人。

他指出，每一位顾客身后大约有250名亲朋好友。那么，如果能心中时时刻刻想着现在的顾客，你将不仅仅和他们同行，不被他们冷落或抛弃，还可能使他们身后250名亲朋好友成为你的潜在顾客，与你同行。

乔·吉拉德的250定律对人们的营销观念有着革命性的影响。通过在工作中对250定律的亲身感受，乔·吉拉德认为："推销活动真正的开始在成交之后，而不是之前。"

推销是一个连续的过程，成交既是本次推销活动的结束，又是下次推销活动的开始。将250定律反向思考，推销员在成交之后继续关心顾客，既能赢得老客户，又能通过老客户的口口相传，影响其身边亲近的人，从而吸引新客户，使生意越做越大，客户越来越多。

推销成功之后，乔·吉拉德立即将客户及其与购买汽车有关的一切信息，全部记在卡片上。第二天，他会给买过车子的客户寄出一张感谢卡。当时，很多推销员不会这样做，所以顾客对感谢卡感到十分新奇，对乔·吉拉德印象特别深刻。

乔·吉拉德说："顾客是我的衣食父母，我每年都要发出13000张明信片，表示我对他们最真切的感谢。"

乔·吉拉德的顾客每个月都会收到一封来信。这些信都是装在一个朴素的信封里，但信封的颜色和大小每次都不同，它们都是乔·吉拉德精心设计的。乔·吉拉德说："不要让信看起来像邮寄的宣传品，那样人们连拆都不愿拆就会直接扔进纸篓里。"

顾客拆开乔·吉拉德写来的信，可以看到一排醒目的字："您是最棒的，我相信您。""谢谢您对我的支持，是您成就了我的生命。"乔·吉拉德每个月都会为顾客发出一封相关的卡片，而顾客都喜欢这种卡片。

乔·吉拉德拥有每一个从他手中买过车的顾客的详细档案。当顾客生日那天，会收到这样的贺卡："亲爱的××，生日快乐！"假如是顾客的夫人过生日，同样也会收到乔·吉拉德的贺卡："比尔夫人，生日快乐。"

正是商品售出后仍与顾客保持联系，乔·吉拉德的生意越做越大。无独有偶，瑞典的卡隆门公司也采取了同样的方法。

瑞典的卡隆门公司本是经营家用电器的一家小公司，经过多年的苦心经营，生意仍不见起色。公司的管理层经过反复思考，最后决定用服务吸引顾客。

卡隆门在公司门口张贴公告：本公司出售的家用电器质量上乘，保证永久免费维修。当时，冰箱和彩电等家用电器在瑞典等西方国家是名贵商品，购置这些价格不菲的商品，人们总担心会有损坏或故障。卡隆门公司保证永久免费维修，消除了顾客的顾虑，所以消费者纷纷前来光顾。短短几年的时间，卡隆门公司迅速发展起来，成为著名的大企业。

卡隆门公司承诺对本公司出售的商品，都可免费维修。1984年11月，一个家庭主妇拿来一个电熨斗，这件商品是该公司1957年出售的，已有27年历史。这位妇女本来只是抱着试试看的心理，但没想到，对于这个出了毛病的旧熨斗，卡隆门公司的员工十分热情地给予了修复。熨斗修好后，卡隆门公司的员工有礼貌地对那位妇女说："太太，你的熨斗修好了，不用付钱。顺便告诉您，这种熨斗已十多年不生产和出售了，现在流行自动的蒸汽熨斗，希望太太下次关照。"几个月后，这位太太又来了，对卡隆门公司说："上次你们修好的熨斗至今尚可以用，你们的信誉真好，但它太老了，我想来你们公司再买一个新式的熨斗。"

正是通过这样的服务承诺，顾客渐渐对卡隆门公司产生了好感，卡隆门公司有了更多忠实的消费者。

可见，想要长久地保持住我们的营销链条，我们不仅不能得罪任何一个顾客，而且还要向顾客提供优质的售后服务。一方面，这是为顾客着想的体现；另一方面，还能让顾客感受到真诚，吸引更多顾客的青睐。

王永庆法则：富翁是省出来的

美国知名公司沃尔玛曾多次蝉联美国《财富》杂志公布的"世界财富排名500强龙虎榜"榜首，但在该公司内部，"节俭"是每个员工日常工作的一部分。如果你没有打印纸，想找秘书要，对方一定是轻描淡写地来一句："地上盒子里有纸，裁一下就行了。"如果你再强调要打印纸，对方一定会回答："我们从来没有专门用来打印的纸，用的都是废报告的背面。"

据报道，2001年沃尔玛中国年会，与会的来自全国各地的经理级以上代表所住的只不过是能够洗澡的普通招待所。沃尔玛的节俭不只是针对员工，企业老总也坚持率先垂范。沃尔玛的创始人山姆尽管是亿万富翁，但他节俭的习惯从未改变。他没购置过一所豪宅，经常开着自己的旧货车进出小镇，每次理发都只花当地理发的最低价 5 美元，外出时经常和别人同住一个房间。正是这种节约的态度，才使山姆有了今天的成功，使沃尔玛有了今天的地位。

在为汶川地震的捐款中，台塑集团慷慨捐赠 1 亿元人民币，但台塑总裁王永庆却是出名的"小气鬼"——曾在多个场合多次强调"节省一元钱等于净赚一元钱"。这就是被业界奉为经典的"王永庆法则"。

传说香港著名企业家李嘉诚，一次从家中出来，正当秘书为其开车门弯腰欲上车的刹那，不小心从上衣口袋掉出一个硬币。不巧的是这个硬币正好滚落到了路边的井盖下面。于是李嘉诚让秘书通知专人前来揭开井盖，小心翼翼地在井下寻找该硬币。大约 10 分钟后，终于找到了硬币，于是李嘉诚"奖励"这位服务人员 100 元港币。有人不解，以为"落井"的这枚硬币有特殊身份，其实这就是一枚普通硬币。李嘉诚这样解释：一枚硬币也是财富，如果你忽视它，它"落井"了，你不去救它，那么慢慢地财神就会离你而去。100 元港币则是李嘉诚对获得满意服务支付的报酬。所以说，有钱的人，不是"小气"而是深知金钱的价值。不能浪费每一分钱，但是该花的钱一定要花。

通过这些赫赫有名的富人的"小气"行为，我们似乎会有这样一种感觉——有钱的人都很"小气"。其实，如果从"思路决定财路"的角度来讲，我们与其说"有钱的人都很'小气'"，不如说："正是因为他们'小气'，他们才变得有钱。"

布里特定律：要推而广之，先广而告之

几十年前，京剧大师梅兰芳初次到上海演戏，戏院老板把上海一家最有名的报纸的头版整个买了下来，大做广告。第一天，整版上只印出3个字——梅兰芳。这马上引起了人们的兴趣与推测。第二天，报纸上还是这3个字。好奇者纷纷打电话给报馆，报馆答曰："明日见分晓。"因为广告所造成的神秘感，关注的人越来越多。直到最后一天，整版广告才在"梅兰芳"3字下面刊出一行小字：梅兰芳，京剧名旦，X日假座，CK剧院演出京剧《宇宙锋》《贵妃醉酒》《霸王别姬》。

此广告使市民被吊足了胃口，整个上海的好奇心都被激起来了，大家购票蜂拥而至，都想先睹为快。梅兰芳的沪上演出因此大获成功。

上面这个故事，是中国广告史上一个经典的案例。中国人有句老话，"酒香不怕巷子深"，认为如果酒酿得好，就是在很深的巷子里，也会有人闻香知味，前来品尝，不会因为巷子深而却步。它可以引申为只要东西或产品很好，哪怕不去做营销推广、广告宣传，人们（消费者）也会知道它，并自觉发挥个人积极性、主动性，历尽艰辛地去寻找它。在许多国人的心目中，好的产品无须过分地渲染和夸赞。在这种观念下，人们会忽视对商品的宣传。20世纪90年代以前，这种思维左右着企业界和企业家，他们认为只要自己生产出好的产品，消费者就会源源不断而来，这是典型的"产品时代"思维。然而，事实是好产品很重要，但却不是企业取得市场成功的充要条件，如果仅仅认为有了好的产品就不愁没人买，那等待企业的将是市场的冷淡反应。所以哪怕是像梅兰芳这样近代最具盛名的京剧艺术家的表演，也需要广告这个方式让广大的百姓知道。

当今的社会是一个信息高速传播的时代，以赚钱盈利为目的的商家，怎么会消极地等待一个偶然路过的人的发现呢？深巷中的酒，谁能闻得到？好酒也需要包装和宣传！在市场经济中求生存求发展的企业，特别是中小企业，如果还存在酒香不怕巷子深的观念，闭关自守的话，必将被淹没在残酷的市场竞争的洪流中。有人称广告是"促进生产的润滑剂"，是"竞争的帮手"，肯定了它在经济建设中的作用。

在市场经济条件下，商品的内在十分重要，但是外在的包装和宣传也同样重要。商品宣传的好坏和是否到位，决定了这件商品的知名度与接受度，因此也就与商品的销售情况密切相关。如今，商家要想扩大商品的销量，想要赚得丰厚的利润，就必须用各种办法扩大商品的知名度。广告，无疑在其中扮演了极其重要的角色。俗话说，货好还得宣传巧。一则好的广告，能吸引消费者的眼球，诱导消费者的兴趣和感情，刺激消费者的购买欲望，让消费者心甘情愿地掏腰包付款。

阿尔巴德定理：抓住顾客需求，才能赚到钱

任何企业在进入一个新市场时，了解顾客的切实需求是关键的环节。只有充分了解顾客的需求特性心理等因素，才能有针对性地制定产品价格、销售网络、服务体系等方面的策略。

企业要想在激烈的市场竞争中取得优势，就必须使自己的产品具有竞争力。而企业把握好顾客需求是其赢得市场、求得生存的关键因素，只有能最大限度地满足顾客需求的产品才能立于不败之地！

有人做过这样一个统计，《财富》评选的 500 强企业中，大约 20 年就有 1/3 从名单中消失了，尤其像微软、英特尔这类著名的高科技公司，20 年前有的甚至没有成立。是什么导致一些企业大幅度的起落？为什么有些公司能够保持持续增长，而另一些企业却因四面楚歌悄然退出历史舞台了呢？其中一个很重要的原因就是没有合理地把握顾客需求，没有调整好竞争策略。

单纯地强调企业的自我强大，强调如何攻击对手，强调市场份额，已经不能使自身的竞争力有所提高。竞争格局的变化远远比战争格局的变化要丰富得多，胜利也不仅仅表现在利润指标上，或将对手压倒在自己的市场份额或销售量上。击败对手与创造利润并没有必然的联系，过分强调击败对手的结果只能把注意力集中到价格上，而忽视了价格的终端，也就是消费者。

因此，纵观近期企业战略思维发生的转变，一个很明显的事实是，一些高增长公司几乎都不再关心与对手的较量或击败对手，而是紧紧地把握住顾客需求和顾客心理。

随着商品经济日益成熟，市场大，能人多，谁的脑袋都不比别人笨，因而生意场上的各个领域、各个行业，都已经被人折腾了个底儿朝天，要想找一个未经开发的新行业，比大海捞针还难。因此，发现潜在商机就显得十分宝贵。

潜在的商机在哪里呢？其实，所谓的商机就是消费者的需求，只要有需求，就会有商机。如果把市场看成是由一些圆圈组成的话，那么，这些圆圈间必然存在一些"缝隙"，没有被完全包括和覆盖，这些缝隙，就是由消费者需求带来的商机。难怪经营大师总是告诫那些在市场上找不着"北"的淘金者：市场如布，不会"天衣无缝"，商家似针，总可以插入到别人难以发现的缝隙中。一道小小的市场缝隙，往往就是一片广阔的新天地，谁先寻隙而入，谁就会成为赢家。

每位经商者都希望自己的产品在市场上畅销，但是怎样才能做到呢？方法很简单，就是使它满足社会生活一部分的需要。世界上第一台自动书法机诞生的过程或许会给你以启迪。

一天，谷野来到一家百货公司给朋友邮购礼品。按惯例，他应该在礼品盒上写上几句恭敬的语句，但谷野不擅长书法，只好请店员代笔。一位店员小声嘀咕说："已经卖了100多份礼品了，要是每个都要我们代笔，可够麻烦的！"另一位店员附和着说："是啊，如果有一台自动书法机就好了。"

说者无心，听者有意。谷野心头一动，这不是一个很有价值的市场需要吗？可是这个信息是否准确？谷野调查了十几家百货公司，了解到，日本的礼品市场年销售额达几千亿日元，每个人每年要送几十份礼品，每份礼品都要写上诸如"年贺""御祝""中元"等美好的祝语，而真正擅长书法的人却寥若晨星，许多商店只好请书法家代写，聘金贵得惊人。谷野估计了一下，如果包括每年成千上万张贺年片，那么对书法的需要将相当可观。不久第一台书法机诞生了，并在市场上一炮打响。

可以说，大千世界，尚未开发的市场无时不有、无处不在，各种各样的生财机会很多，关键看商家能否立足市场需求，练就一双敏锐的"市场眼"和观察市场、分析市场的能力。可以这样讲，如果经营者多动脑筋，多一点开拓市场的钻劲，何愁不能把握商机，驾驭市场呢？

多关心看似不起眼的零散信息，往往能带来商机。现代社会是信息社会，大家获取信息的渠道都差不多，精明之人就要广辟信息渠道，发掘获取最有价值的信息。零散信息便是获取商机的一种重要渠道，它指的是信息的内容尚未经专门机构加工整理就直接作用于人的感觉，如一句"闲话"、一丝"灵感"、一个"点子"等。这种零散信息产生于日常生活之中，流淌于百姓大众之间，不费一钱一物，因为其非正规、非主流的特性，决定了它不被多数人重视的结果，但实际上它可能产生的价值却不可小视。

欧元的流通让温州人大赚了一笔，听起来有些荒唐，然而事实确实如此！原来欧洲各国使用的货币的票面比欧元短，加长的欧元放不进欧洲人的钱夹子，所以欧元流通之日，就是欧洲人更换钱夹子之时，这就带来了挣钱的机会。要不怎么说温州人精明呢，从看似与自己毫不相干的事情中抓住了商机，通过钱夹子的生意，让欧洲人的钱进了温州人的钱夹子。

足见，商机并不难找，只要你能抓住消费者的需求。

第五章

掌握财富炼金术:
世界投资大师的创富秘诀

价值投资：寻找价值与价格的差异

价值投资理论的创始人是"证券分析之父"——本杰明·格雷厄姆。格雷厄姆1934年在原创性论文《证券分析》中首次提出了价值投资理论，奠定了他的"财务分析之父"的地位。

从1928年开始，格雷厄姆开始在他的母校哥伦比亚大学教授证券分析课，讲授他的价值投资理论。本杰明·格雷厄姆或许并不为很多人所知，其实大名鼎鼎的巴菲特是格雷厄姆的得意门生，巴菲特是以杰出的投资业绩与显赫的财富而立名于世，但在投资理念上几乎全部师承了格雷厄姆的学术精华并没有丝毫的超越。

格雷厄姆晚年曾经在一场演讲中说明他自己的价值投资哲学，我们来看看他是怎么说的："我的声誉——不论是现在或最近被提起的，主要都与'价值'的概念相关。事实上，我一直希望能以清楚、令人信服的态度说明这样的投资理念，也就是从获利能力与资产负债表这些基本要素着眼，而不去在乎每季获利的变动，也不去管企业所谓的'主要获利来源'涵盖或不涵盖哪些项目。一言以蔽之，我根本就不想花力气预测未来。"

也就是说，价值投资理论的要诀是：价值投资者先评估某一金融资产的基础价值，并将之与市场价格相比较，如果价格低于价值，并能获得足够的安全边际，价值投资者就买入该证券。格雷厄姆把价格和价值之间的差额称为"安全边际"。

价值投资理论有一定的独特性。例如，价值投资理论并不赞同"市场有效性"假说，并不认为"风险与收益成正比"，而价值投资者的投资实践也证明了他们对这些假说的质疑并非毫无道理。再如，定价是大多数投资理论的核心，它是估计公司实际价值或内在价值的一项技术。大多数投资者希望购买那些真实价值还没有体现在现行市场价格上的股票。人们一般认为公司的价值是公司为投资者创造的现金流量的现值之和。但是在很多情况下，这种方法要求投资者预测公司未来的现金流，这远远超出了投资者的能力。自格雷厄姆以来的价值投资者更偏好于"已经到手的东西"——银行里的现金及等价物。因此，价值投资者并不相信那些需要对遥远未来的事件和条件进行假设的技术，他们更喜欢通过首先评估公司的资产价值，然后评估公司的赢利能力价值来计算公司的内在价值。只有在个别情况下他们才把成长性作为定价的一个因素。因此，价值投资理论是与证券投资学课程并列的课程，是证券投资分析的另一种理论。

价值投资理论的基本假设是：尽管金融资产价格波动很大，但其基础价值稳定且可测量。价值投资的核心是在市场价格明显低于内在价值的时候买入证券。高额安全边际能够提高收益，同时降低损失的风险。价值投资的投资步骤非常简单：

（1）选择要评估的证券。

（2）估计证券的基础价值。

（3）计算每一证券所要求的合理的安全边际。

（4）确定每一种证券的购买数量，包括证券组合的构造和投资者对多元化程度的选择。

（5）确定何时出售证券。

在这一过程中最重要的就是对所选的证券进行估值，那么在具体对一种产品进行投资的时候，我们应该如何进行有效的价值评估呢？

首先，选择正确的估值模型。准确进行价值评估的第一步是选择正确的估值模型。

其次，选择正确的现金流量定义和贴现率标准。

再次，选择正确的公司未来长期现金流量预测方法。

准确进行价值评估的最大困难和挑战是第三个选择，这是因为内在价值主要取决于公司未来的长期现金流，而未来的现金流又取决于公司未来的业务情况，而未来是动态的、不确定的，预测时期越长，越难准确地进行预测。因此说："价值评估，既是科学，又是艺术。"

以价值为基础而采用的投资方法：在低于公司真实价值的价位买进股票，不论利率高低、经济盛衰、货币强弱如何，不为一时市场震荡所动摇，坚持自己的信念，那么必定会有惊人的回报。

当然，利用价值投资理论进行投资也是具有风险的，那么，那些深谙价值投资理论的投资者是如何控制风险的呢？

（1）价值投资者只在自己胜任的范围内进行操作。

（2）对安全边际的要求为价值投资者提供了一个与分散投资不同的风险降低机制。

（3）利用整体股票市场与事件导向型投资组合之间的相关关系来进行分散投资。

（4）寻求一些可靠的确认方法。如信息灵通人士的购买行为、其他知名的投资者也持有相同的头寸、经常检查自己的投资策略和定价步骤是否存在错误。

（5）头寸限制。

（6）价值投资者回避卖空这种风险管理方法。

（7）市场没有投资机会时的持有现金策略，即默认策略、持有指数基金策略。

一个价值投资者要想成功，就应该对投资和投机保持一种正确的态度。格雷厄姆坚称投机并不是投资，进入投机领域，我们很容易就会被伶牙俐齿的投资专家忽悠，他们想让我们相信：夸夸其谈的收益记录、玄乎其玄的数学公式、闻所未闻的高级概念，这些就是我们把钱交给他们去操作的理由。有时我们甚至会主动陷入自欺欺人的境地中，我们会败给人"好赌"的天性，正如格雷厄姆说的："即使购买证券的潜在动机纯粹只是投机式的贪婪，但人性使然，总是用一些冠冕堂皇的理由，把丑陋的冲动给掩盖起来。"

每一个投资者都应该在财务上与心理上为短期内糟糕的表现做好准备，如果坚信价值最终会升值，就要坚持。举例来说，1973年到1974年之间美国股市下滑，投资者在账面上多有损失，但如果他选择坚持下去，1975年到1976年市场就开始反弹，在这4年期间里，他的平均回报率就是15%。所以说，利用价值投资理论进行投资，除了要正确估值之外，还要有耐心，能够一直等待下去。

总之，无论是从理论的角度还是从实践的角度，价值投资都是一种非常好的方法。从长期来看，价值投资法所创造的投资收益比重点选择法和整体市场法更高。

价值投资人买入上市公司的股票，实质上相当于拥有一家私有企业的部分股权。在买入股票之前，首先要对这家上市公司的私有企业市场价值进行评估。要想成功地进行投资，你不需要懂得有多大市场，现代投资组合理论等，你只需要知道如何评估企业的价值以及如何思考市场价格就够了。

传统或狭义的价值投资，主要指对潜力产业、热门行业的直接实业投资，比如，20世纪80年代初期，商品经济开始活跃，直接投资以消费品加工厂和发展贸易成为热点；90年代初期内地住房体制改革，众多的直接投资开发，带动房地产业的兴旺；进入2000年全球经济快速发展，形成能源瓶颈，石油、煤炭、电力等能源产业成为投资热点等等。而广义的价值投资不仅包括直接的实业投资行为，而且还包括对相关资产的间接投资，即对相关产业上市资产或上市公司的投资。由于长期以来人们对"价值投资"的漠视和误解，往往把上市资产的投资或股票市场投资也理解为高风险投资。一个成熟股票市场的基石和内涵，就在于价值资产。

价值投资不仅是一个正确的投资理念，更是一种正确的投资方法和技巧。人们之所以谈股色变，视股市为高风险场所，根本原因还在于法制不健全、管理与监控的效率缺失、公司治理的薄弱和经济周期与市场的波动对资产价值和投资者心理产生的影响。而价值投资的重点，就是广义概念的证券市场上的价值掘金。

价值投资是基于对上市公司所处市场环境、行业地位和内在价值等基本面的全面认真分析，并通过一定的价值分析模型，将上市资产的内在价值量化，确定合理的价格表达，并通过与市场现行价格的比较，来挖掘出被市场严重低估价值的股票或资产，以适时进行有效投资的过程。简单来说，就是寻求股票价值回归，根据上市公司发展前景、盈利能力和历史表现推估投资股票的价格，进行低买高卖的获利操作，或长期持有，分享资产增值利益。

本杰明·格雷厄姆在所著《证券分析》一书中指出："价值投资是基于详尽的分析，资本金的安全和满意的回报有保障的操作。不符合这一标准的操作就是投机。"格雷厄姆还提出："决定普通股价值的基本因素是股票息率，及其历史纪录、盈利能力和资产负债等因素。"

而将价值投资理论运用得更为娴熟的则是巴菲特，他更注重公司的成长和长期利益，并愿意为此付出合理的价格。格雷厄姆揭示了价值投资的核心，巴菲特则用自己的实践告诉我们如何进行投资。巴菲特将格雷厄姆的价值理念概括为："用 0.5 美元的价格，买入价值 1 美元的物品。"2003 年巴菲特在香港证券市场以1.6 港元的均价投资"中国石油"股票，按现价约 9 港元计已获利上百亿港元，就是最好的例证。

根据《证券分析》一书所阐述的价值投资的原理，上市公司股票价值主要由五大因素构成：

1. 分红派息比例：合理的分红派息比例，反映公司良好的现金流状况和业务前景，也是优质蓝筹股票的重要标志。优质资产的派息率应为持续、稳定，且高于银行同期存款利率，企业发展与股东利益并重，如某年香港各大上市公司的派息率：汇丰银行为 4.37%；和黄为 2.38%；中移动为 2.49%；电信盈科达 7.5%。分红派息率过低，说明公司业务缺乏竞争力，股东利益没有保障，股票无吸引力。派息率不稳定，且突然派息过高，又反映公司缺乏长远打算，或业务前景不明朗。

2. 盈利能力：反映公司整体经营状况和每股获利能力。主要指标是公司的边际利润率、净利润和每股盈利水平，该指标越高越好。有价值的公司，盈利能力应是持续、稳定地增长，且每年盈利增长率高于本地生产总值的增长。

3. 资产价值：主要以上市公司的资产净值衡量（净资产 = 总资产 – 负债）。它是资产总值中剔除负债的剩余部分，是资产的核心价值，可反映公司资产的营运能力和负债结构。合理的负债比例，体现公司较好的资产结构和营运效率；较高的资产负债比例，反映公司存在较大的财务风险和经营风险。

4. 市盈率（P/E 值）：普通股每股市价同每股盈利的比例。影响市盈率的因素是多方面的，有公司盈利水平、股价、行业吸引力、市场竞争力和市场成熟度等。每股盈利高，反映市场投资的盈利回报高（市盈率或每股当年盈利 / 每股股价）；若市场相对规范和成熟，则市盈率表现相对真实客观，即股价对资产价值的表达相对合理，反之则非理性表达，泡沫较大。同时，市盈率也反映市场对公司的认同度，若公司业务具行业垄断、经济专利和具有较强竞争力，则市场吸引力较高，可支撑相对较高的市盈率，即股价表达较高。如，截至 2006 年 3 月底，汇丰市盈率 12.25 倍；中移动市盈率为 15.68 倍。

5. 安全边际：股票价格低于资产内在价值的差距称"安全边际"。内在价值指公司在生命周期中可产生现金流的折现值。短期资产价值，通常以资产净值衡量。买股票时，若股价大幅低于每股资产净值，则认为风险较低；若低于计算所得资产内在价值较多，则安全边际较大，当股价上涨，可获超额回报，扩大投资收益，并可避免市场短期波动所产生的风险。

（1）股票年度回报率 =（当年股息 + 年底收市价 − 年初收市价）/ 年初收市价 ×100%

（2）个股回报率 =（获派股息 + 股票估出收入 − 股票购入成本）/ 股票购入成本 ×100%

价值投资着眼于公司长远利益增长和生命周期的持续，进行长期投资，以获得股东权益的增值。股东权益的增值，来源于经营利润的增长，长期而言，股票价格的增长，应反映公司价值前景和经营利润；短期看，股票价格会受各种因素（如利率、汇率、通货膨胀率、税制、国际收支、储蓄结构、能源价格、政治外交和突发性重大事件）影响而波动。

安全边际：对不确定性的预防和扣除

在价值投资理论中，有个重要的概念就是安全边际。安全边际是对投资者自身能力的有限性，股票市场的波动巨大的不确定性，公司发展的不确定性的一种预防和扣除。

有了较大的安全边际，即使我们对公司价值的评估有一定的误差，市场价格在较长的时期内仍低于价值，公司发展就是暂时受到挫折，也不会妨碍我们投资资本的安全性，并能保证我们取得最低程度的满意报酬率。

格雷厄姆曾经给出两个最重要的投资规则：

第一条规则：永远不要亏损。

第二条规则：永远不要忘记第一条。

巴菲特坚持"安全边际"原则，这是巴菲特永不亏损的投资秘诀，也是成功投资的基石。格雷厄姆说："安全边际，概念可以被用来作为试金石，以助于区别投资操作与投机操作。"根据安全边际进行的价值投资，风险更低，收益却更高。

巴菲特的导师格雷厄姆认为，"安全边际"是价值投资的核心。尽管公司股票的市场价格涨落不定，但许多公司具有相对稳定的内在价值。股票的内在价值与当前交易价格通常是不相等的。基于安全边际的价值投资策略是指投资者通过公司的内在价值的估算，比较其内在价值与公司股票价格之间的差价，当两者之间的差价达到安全边际时，可选择该公司股票进行投资。

如何确定安全边际呢？寻找真正的安全边际可以由数据、有说服力的推理和很多实际经验得到证明。在正常条件下，为投资而购买的一般普通股，其安全边际即其大大超出现行债券利率的预期获利能力。

格雷厄姆指出："股市特别偏爱投资于估值过低股票的投资者。首先，股市几乎在任何时候都会生成大量的真正估值过低的股票以供投资者选择。然后，在其被忽视且朝投资者所期望的价值相反方向运行相当长时间以检验他的坚定性之后，在大多数情况下，市场总会将其价格提高到和其代表的价值相符的水平。理性的投资者确实没有理由抱怨股市的反常，因为其反常中蕴含着机会和最终利润。"

实质上，从根本上讲，价格波动对真正的投资者只有一个重要的意义：当价格大幅下跌后，提供给投资者低价买入的机会；当价格大幅上涨后，提供给投资者高价卖出的机会。

如果忽视安全边际，即使你买入非常优秀企业的股票，如果买入价格过高，也很难赢利。即便是对于最好的公司，你也有可能买价过高。买价过高的风险经常会出现，而且实际上现在对于所有股票，包括那些竞争优势未必长期持续的公司股票，这种买价过高的风险已经相当大了。投资者需要清醒地认识到，在一个过热的市场中买入股票，即便是一家特别优秀的公司的股票，可能也要等待一段更长的时间后，公司所能实现的价值才能增长到与投资者支付的股价相当的水平。

安全边际是投资中最为重要的。它能够降低投资风险，此外它能降低预测失误的风险。

投资者在买入价格上如果留有足够的安全边际，不仅能降低因为预测失误引起的投资风险，而且在预测基本正确的情况下，可以降低买入成本，在保证本金安全的前提下获取稳定的投资回报。

根据安全边际进行价值投资的投资报酬与风险不成正比而成反比，风险越低往往报酬越高。

在价值投资法中，如果你以 60 美分买进 1 美元的纸币，其风险大于以 40 美分买进 1 美元的纸币，但后者报酬的期望值却比较高，以价值为导向的投资组合，其报酬的潜力越高，风险却越低。

举个例子来说，在 1973 年，华盛顿邮报公司的总市值为 8000 万美元，在这一天，你可以将其资产卖给十位买家中的任何一位，而且价格不低于 4 亿美元，甚至还会更高。该公司拥有

《华盛顿邮报》《新闻周刊》以及几家重要的电视台，这些资产目前的价值为 20 亿美元，因此愿意支付 4 亿美元的买家并非疯子。现在如果股价继续下跌，该企业的市值从 8000 万美元跌到 4000 万美元。更低的价格意味着更大的风险，事实上，如果你能够买进好几只价值严重低估的股票，而且你精通于公司估值，那么以 8000 万美元买入价值 4 亿美元的资产，尤其是分别以 800 万美元的价格买进 10 种价值 4000 万美元的资产，基本上毫无风险。因为你无法直接管理 4 亿美元的资产，所以你希望能够确定找到诚实且有能力的管理者，这并不困难。同时你必须具有相应的知识，使你能够大致准确地评估企业的内在价值，但是你不需要很精确地评估数值，这就是你拥有了一个安全边际。你不必试图以 8000 万美元的价格购买价值 8300 万美元的企业，你必须让自己拥有很大的安全边际。

在买入价格上坚持留有一个安全边际。如果计算出一只普通股的价值仅仅略高于它的价格，那么没有必要对其买入产生兴趣。相信这种"安全边际"原则——格雷厄姆尤其强调这一点——是投资成功的基石。

技术分析：对市场本身行为的研究

技术分析是以证券市场过去和现在的市场行为为分析对象，借助图表和各类指标，探索出一些典型变化规律，并据此预测证券市场未来变化趋势的技术方法。证券的市场行为就是证券在市场中的表现，是对某个证券在市场中具体表现的说明和描述。简单地说，就是价、量、时、空四个要素，它们从不同侧面反映了证券在市场中的表现。

19世纪80年代，股票市场中的"交易者"使用"账面法"跟踪股票价格，使得第一项分析技术得以出现。经过众多技术分析专家的努力，技术分析方法得到了迅速发展。技术分析最初主要运用于股票市场，后来逐渐扩展到商品市场、债权市场、外汇市场和其他国际市场。在实际应用中，有所谓的长线投资者、中线投资者、短线投资者之分，但对大多数投资者来说，技术分析更多地被应用于预测证券价格的短期波动和帮助投资者获得短期收益。

技术分析作为一种投资分析工具，是以一定的假设条件为前提的。主要有：市场行为涵盖一切信息、价格按趋势变动、历史会重演。

1. 市场行为涵盖一切信息

这种假设是进行证券分析的基础。股票市场上的供求关系已经是一切已经公开发布的信息和未发布的内幕信息作用下的结果，而买卖双方的力量对比决定了价格定位和价格的变化。如果某股票基于基本面分析或者其他分析方法被认为是值得投资的，就会有投资者去买，买方的需求增加，价格就会上升。技术分析师只要观察到这种成交量和价格的变化，就会追随这种趋势进行投资，而不必知道引起价格变动的原因。因此投资者根据历史价格的变动就可以预测未来的价格了。

2. 价格按趋势变动

这种假设认为股票价格的变动受长期趋势的影响。技术分析理论认为，价格对信息的反应是渐进的，信息不能立即影响市场，而是在一段时间之后才起作用。例如，某一个好消息将促使股票价格上升，达到新的均衡点。技术分析师并不预测这个均衡点的值，但是他们观察到了价格的这种变化，并且相信价格从一个均衡点到下一个均衡点的过程会持续一段时间。这个过程就是趋势。只要在趋势开始的时候，顺着趋势的方向去操作，也就是在上升的趋势中买入和在下降的趋势中卖出，就可以获利。因而技术分析师相信趋势必将持续一段时间。如果价格对信息迅速做出反应的话，那么投资者赶上这种趋势变化的时间很短，就不能从中获益了。

3. 历史会重演

这个假设是从统计学和人的心理因素方面考虑的。根据历史数据对未来做出的概率估计才有意义。虽然投资者不知道某个现象出现的原因，但是投资者相信这种现象的出现不是偶然的，而是必然的。只要未来有相似的情况出现，这种现象就会出现。所以对历史数据的分析是有用的。例如投资者观察到在某一段时期，只要指数上升到某一个点位就会下跌。于是技术分析师就把这个点位当作阻力位，在接下来的投资中，只要指数达到这个水平，就建议投资者卖出，这就是一种技术分析的方法。技术分析师通过对重复出现的现象进行观察和统计，从中发现规律，来指导未来的投资活动。

在历史资料基础上进行统计、数学计算、绘制图表方法是技术分析方法的主要手段。一般来说，可以将技术分析方法分为如下常用的五类：K线分析、切线分析、形态分析、波浪分析、指标分析。

1. K 线分析

K 线分析主要是通过 K 线及 K 线的组合，推断股票市场多空双方力量的对比，进而判断股票市场多空双方谁占优势。单独一天的 K 线形态有十几种，若干天的 K 线组合就不计其数了。人们经过不断的经验总结，发现了很多对股票买卖有指导意见的组合，而且新的组合正不断地被发现、被运用。K 线作为一种专业化的证券分析手段日益成熟。目前在全世界证券及期货市场中被广泛应用。

2. 切线分析

切线分析是指按一定的方法和原则，在由证券价格的数据所绘制的图表中画出一条直线，然后根据这些直线的情况推测出证券价格的未来趋势。这些直线就称为切线。切线主要起支撑和压力的作用，支撑线和压力线向后的延伸位置对价格的波动起到一定的制约作用。在切线分析中，切线的画法是最重要的，画得"好与坏"直接影响预测的结构。目前，画切线的方法有很多种，著名的有趋势线、通道线、黄金分割线、速度线等。

3. 形态分析

形态分析是根据价格图表中过去一段时间走过的轨迹形态来预测股票价格未来趋势的方法。在技术分析假设中，市场行为涵盖一切信息。价格走过的形态是市场行为的重要组成部分，是证券市场对各种信息感受之后的具体表现。因此用价格轨迹或者说是形态来推测证券价格的将来是站得住脚的。从价格轨迹的形态，我们可以推测出市场处于什么样的大环境中，由此对我们今后的行为给予一定的指导。价格轨迹的形态有 M 头、W 底、头肩顶、头肩底等。

4.波浪分析

波浪分析是美国的技术大师艾略特于 1938 年所发明的价格趋势分析工具。艾略特波浪理论的基础在于，规律性是自然界与生俱来的法则，自然界所有的周期，无论是潮汐的起伏、天体的运行、行星的生隕、日与夜甚至生与死，都会永无止境地不断重复出现。这一规律完全可以应用到股票市场中，因为市场的周期也正是以可识别的模式进行趋势运动和反转的。波浪的起伏遵循自然界的规律，价格的波动过程遵循波浪起伏所体现出的周期规律，这个过程就是 8 浪结构。其中上升是 5 浪，下降是 3 浪，数清楚了各个浪就能准确地预见到跌势：牛市将来临，或者牛市已经到了强弩之末，熊市将来临。波浪理论最大的优点就是能提前很长时间预测到底和顶。同时波浪理论又是公认的最难掌握的技术分析方法。

5.指标分析

指标分析是从市场行为的各个方面出发，通过建立一个数学模型，给出数字上的计算公式，得到一个体现股票市场某个方面内在实质的数字，这个数字叫作技术指标值，指标值的具体数值和相互作用关系，直接反映证券市场所处的状态，为我们的操作行为提供指导方向。常见的指标有相对强弱指标（RSD）、随机指标（KI）、趋向指标（DMI）、平滑异同移动平均线（MACD）、能量潮（OBV）等。

趋势理论：寻找恰当的买卖点

趋势理论是指一旦市场形成了下降（或上升）的趋势后，就将沿着下降（或上升）的方向运行。像我们熟知的道氏理论和波浪理论都属于趋势理论。在技术分析这种研究方法中，趋势理论是绝对核心的内容。

从一般意义上说，趋势就是市场何去何从的方向。在通常情况下，市场不会朝任何方向直来直去，市场运动的特征就是曲折变动，它的轨迹酷似一系列前仆后继的波浪，具有明显的峰和谷。所谓市场趋势，正是这些波峰和波谷依次上升或下降所构成的。无论这些峰和谷是依次递增还是依次递降、或者横向延伸，其方向就构成了市场的趋势。

在详细了解趋势理论之前，必须要了解一下什么是趋势线。趋势线是用画线的方法将低点或高点相连，利用已经发生的事例，推测次日大致走向的一种图形分析方法，正确地画出趋势线，人们就可以大致了解股价的未来发展方向。按所依据波动的时间长短不同，便出现三种趋势线：短期趋势线（连接各短期波动点）、中期趋势线（连接各中期波动点）、长期趋势线（连接各长期波动点）。就趋势的方向来讲，趋势有上升趋势、下降趋势和横向延伸趋势这三种。

在上升趋势中，波峰和波谷都是依次递升的；而在下降趋势中，波峰和波谷都是依次递降的；在横向延伸趋势中，波峰和波谷都是呈水平伸展的状态，常常被称为"无趋势市场"。

短期趋势线一般反映的是两到三周时间的趋势，中期趋势线主要反映的是三周到三个月的趋势，长期趋势线反映的是一年到两年的总的趋势。每个趋势都是其上一级更长期趋势的一个组成部分。

比如说，中期趋势便是长期趋势中的一段调整。在长期的上升趋势中，市场暂缓涨势，先调整数月然后再恢复上涨，这就是一个很好的例子。而这个中期趋势本身往往也是由一些较短期的波浪构成，呈现出一系列的上升和下降，应该反复强调的是，每个趋势都是其更长期一级趋势的组成部分，同时它自身也是由更短期的趋势所构成。

我们发现在各种趋势图形中，若处于上升趋势，市场波动必是向上发展，即使是出现回挡也不影响其总体的涨势，如果把上升趋势中间回挡低点分别用直线相连，这些低点大多在这根线上，我们把连接各波动低点的直线称为上升趋势线，相反，若处于下降趋势，股价波动必定向下发展，即使出现反弹也不影响其总体的跌势，把各个反弹的高点相连，我们会惊奇地发现它们也在一根直线上，我们把这根线称为下降趋势线。

那么，该如何利用趋势理论来进行投资呢？用一句话来概括就是：顺势而为。只在向上的趋势中操作，有向上的趋势可循，然后才能取得投资实效。广大的投资者最常犯的错误是，在任何趋势下都在操作。对投资者来说最保守的做法是，当向上的趋势已经明显形成时再操作。那么，具体该如何来操作呢？

要用大量的时间来确认趋势是向上的，在确定向上的趋势的前提下等待调整浪的出现。果断在设定买入点买入。一旦出现错误，及时止损。说到操作就要介绍一下支撑位和阻力位了。市场上的任何趋势图形都是建立在支撑和压力位的基础上的。

我们把"谷"，或者说"向上反弹的底点"称为支撑位。用某个价格水平或图表上某个区域来表示。在这个点位下方，买方兴趣强大，足以抗拒卖方形成的强大压力。结果价格在这里停止下跌，回头向上反弹。通常，当前一个向上反弹的底点形成后，就可以确定一个支撑位了。阻力位也是以某个价格水平或图标区域来表示的。与支撑位相反，在其上方，卖方压力阻挡了买方的推进，于是价格由升转跌。阻力位通常以前一个峰值为标志。在上升趋势中，支撑位和阻力位呈现出逐渐上升的态势。下降趋势中则反之。可以这么说：支撑位是用来跌破的，压力位是用来突破的！

在上升趋势中，阻力位意味着上升的势头将在此处稍息，但此后它迟早会被向上穿越。而在下降趋势中，支撑位也不足以长久地撑拒市场的下滑，不过至少能使之暂时受挫。如果上升趋势要持续下去，每个线相继的底点（支撑位）就必须高过前一个底点。每个相继的上冲高点（阻力位）也非得高过前一个高点不可。

在上升趋势中，如果新一轮的调整一直下降到前一个底点的水平，这或许就是该上升趋势即将终结，或者至少即将蜕化成横向延伸趋势的先期预警。如果这个支撑位被击穿，可能就意味着趋势即将由上升反转为下降。

在上升趋势中，每当市场向上试探前一个阻力位时，这个上升趋势总是处于一个极为关键的时刻。一旦在上升趋势中不能越过前一个高点，或者在下降趋势中无力跌破前一个支撑位，便发出了现行趋势即将有变的第一个警告信号。

其实在现实市场活动中，支撑位和阻力位是可以互换角色的，只要支撑位和阻力位被足够大的价格变化切实地击破了，它们就互换角色变成自身原先的反面。换言之，阻力位就变成了支撑位，而支撑位就变成了阻力位。

总的来说，趋势理论注重长期趋势，对中期趋势，特别是在不知是牛市还是熊市的情况下，并不能带给投资者什么明确的投资启示，所以，投资者在利用趋势理论进行投资的时候，还是要区别对待的，看情况而定。

黄金分割线理论：神奇的数字

黄金分割是一种古老的数学方法，被应用于从埃及金字塔到礼品包装盒的各种事物之中，而且常常发挥我们意想不到的神奇作用。对于这个神秘数字的神秘用途，科学上至今也没有令人信服的解释。但在证券市场中，黄金分割的妙用几乎横贯了整个技术分析领域，是交易者与市场分析人士最习惯引用的一组数字。

黄金分割率 0.618033988……是一个充满无穷魔力的无理数，它影响着我们生活的方方面面，它不但在数学中扮演着神奇的角色，而且在建筑、美学、艺术、军事、音乐，甚至在投资领域都广泛存在。

数学家法布兰斯在 13 世纪时写了一本书，关于一些奇异数字的组合。这些奇异数字的组合是 1、1、2、3、5、8、13、21、34、55、89、144、233——任何一个数字都是前面两个数字的总和。任何一个数与后面数相除时，其商几乎都接近 0.618。1、1、2、3、

5、8、13 被称作神秘数字；这个 0.618 就是世人盛赞的黄金分割率。

黄金分割率运用的最基本方法，是将 1 分割为 0.618 和 0.382，引申出一组与黄金分割率有关的数值，即 0、0.382、0.5、0.618、1。由经过 0、0.382、0.5、0.618、1 组成的平行线叫黄金分割线。这些平行线分别被称为黄金分割线的 0 位线、0.382 位线、0.5 位线、0.618 位线和 1 位线。这五条线也就是我们在点击黄金分割线快捷键后拖动鼠标形成的五条线。这组数字十分有趣，0.618 的倒数是 1.618。譬如 55/89=0.618、233/144=1.618、而 0.618×1.618 ≈ 1。

黄金分割率的最基本公式，是将 1 分割为 0.618 和 0.382，它们有如下一些特点：

（1）数列中任一数字都由前两个数字之和构成。

（2）前一数字与后一数字之比例，趋近于一固定常数，即 0.618。

（3）后一数字与前一数字之比例，趋近于 1.618。

（4）1.618 与 0.618 互为倒数，其乘积则约等于 1。

（5）任一数字如与后两数字相比，其值趋近于 2.618；如与前两数字相比，其值则趋近于 0.382。

理顺下来，上列奇异数字组合除能反映黄金分割的两个基本比值 0.618 和 0.382 以外，尚存在下列两组神秘比值：

（1）0.191、0.382、0.5、0.618、0.809。

（2）1、1.382、1.5、1.618、2、2.382、2.618。

在证券投资的价格预测中，根据该两组黄金比有两种黄金分割分析方法。

（1）以证券价格近期走势中重要的峰位或底位，即重要的高点或低点为计算测量未来走势的基础，当证券价格上涨时，以底位的证券价格为基数，跌幅在达到某一黄金比时较可能受到支撑。当行情接近尾声，证券价格发生急升或急跌后，其涨跌幅达到某一重要黄金比时，则可能发生转势。

（2）行情发生转势后，无论是止跌转升的反转抑或止升转跌的反转，以近期走势中重要的峰位和底位之间的涨额作为计量的基数，将原涨跌幅按 0.191、0.382、0.5、0.618、0.809 分割为五个黄金点。证券价格在后转后的走势将有可能在这些黄金点上遇到暂时的阻力或支撑。

例如，当下跌行情结束前，某股票的最低价 10 元，那么，股价反转上升时，投资人可以预先计算出各种不同的反压价位，也就是 10×（1+19.1%）=11.9 元，10×（1+38.2%）=13.8 元，1×（1+61.8%）=16.2 元，10×（1+80.9%）=18.1 元，10×（1+100%）=20 元，10×（1+119.1%）=21.9 元，然后，再依照实际股价变动情形进行斟酌。

反之，在上升行情结束前，某股票最高价为 30 元，那么，股价反转下跌时，投资人也可以计算出各种不同的持价位，也就是 30×（1−19.1%）=24.3 元，30×（1−38.2%）=18.5 元，30×（1−61.8%）=11.5 元，30×（1−80.9%）=5.7 元。然后，依照实际变动情形进行斟酌。

黄金分割率的神秘数字由于没有理论作为依据，所以有人批评是迷信，是巧合，但自然界的确充满一些奇妙的巧合，一直难以说出道理。

黄金分割率为艾略特所创的波浪理论所套用，成为世界闻名的波浪的骨干，广泛地为投资人士所采用。神秘数字是否真的只是巧合呢？还是大自然一切生态都可以用神秘数字解释呢？这个问题只能见仁见智。但黄金分割率在证券市场上无人不知，作为一个投资者不能不加研究，只是不能太过执着而已。

我们都知道中国的证券市场就是在追逐证券价格的价差，就是主力和散户之间的博弈，而对于顶部和底部的判断对任何的投资者来说都是至关重要的，能在顶部卖出，底部买进，是广大投资者梦寐以求的事情。当然顶部和底部的判断是相当难的，想要精确地把握顶部和底部可以说是不可能的。

在许多情况下，将黄金分割律运用于股票市场，投资人会发现，将其使用在大势研判上，有效性高于使用在个股上。这是因为个股的投机性较强，在部分操作手介入下，某些股票极易出现暴涨暴跌的走势，这样，如用刻板的计算公式寻找"顶"与"底"，准确性就会降低。而股指则相对好一些，人为因素虽然也存在，但较之个股来说要缓和得多，因此，掌握"顶"与"底"的机会也会大一些。

套利定价：证券价格是如何决定的

套利定价理论由美国学者斯蒂芬·罗斯于 1976 年提出，这一理论的结论与 CAPM 模型一样，也表明证券的风险与收益之间存在着线性关系，证券的风险越大，其收益则越高。

虽然套利定价与CAPM模型有相同之处，但套利定价理论的假定与推导过程与CAPM模型很不同，罗斯并没有假定投资者都是厌恶风险的，也没有假定投资者是根据均值——方差的原则行事的。他认为，期望收益与风险之所以存在正比例关系，是因为在市场中已没有套利的机会，而是试图以多个变量去解释资产的预期报酬率。套利定价理论认为经济体系中，有些风险都是无法经由多元化投资加以分散的，例如通货膨胀或国民所得的变动等系统性风险。

套利定价理论是一种均衡模型，用来研究证券价格是如何决定的。它假设证券的收益是由一系列产业方面和市场方面的因素确定的。当两种证券的收益受到某种或某些因素的影响时，两种证券收益之间就存在相关性。也就是在给定资产收益率计算公式的条件下，根据套利原理推导出资产的价格和均衡关系式。APT作为描述资本资产价格形成机制的一种新方法，其基础是价格规律：在均衡市场上，两种性质相同的商品不能以不同的价格出售。

套利定价理论用套利概念定义均衡，不需要市场组合的存在性，而且所需的假设比资本资产定价模型（CAPM模型）更少、更合理。与资本资产定价模型一样，套利定价理论的假设有：

（1）投资者有相同的投资理念。

（2）投资者是规避风险的，并且要效用最大化。

（3）市场是完全的。

与资本资产定价模型不同的是，套利定价理论没有以下假设：

（1）单一投资期。

（2）不存在税收。

（3）投资者能以无风险利率自由借贷。

（4）投资者以收益率的均值和方差为基础选择投资组合。

CAPM 确定共有风险因素是市场投资组合的随机收益，而 APT 则事先不确定共有的风险因素。若只有一个共有因素是，APT 的表达式为：

$$E（r_j）=r_f+\beta_{j1}\left[E（r_{j1}）-r_f\right]$$

若共有因素为市场组合与其收益，则 APT 的表达式为：

$$E（r_j）=r_f+\beta_{j1}\left[E（r_m）-r_f\right]$$

也就是说，如果共有因素为市场组合与其收益的话，根据套利定价理论，证券或资产 j 的预期收益率为：

$$E（r_j）=r_f+\beta_{j1}\left[E（r_{j1}）-r_f\right]+\left[E（r_{j2}）-r_f\right]+\cdots+\beta_{jk}\left[E（r_{jk}）-r_f\right]$$

举个例子来说明：假设无风险利率为 6%，与证券 j 收益率有关的 β 系数为：$\beta_1=1.2$，$\beta_2=0.2$，$\beta_3=0.3$；市场投资组合的预期收益率为 12%，国内生产总值（GDP）预期增长率为 3%，消费品价格通货膨胀率（CPI）预期为 4%。则根据 APT 模式，证券 j 的预期收益率为：

$$E（r_j）=6\%+1.2（r_m-6\%）+0.2（rGDP-6\%）+0.3（rCPI-6\%）$$
$$=6\%+1.2\times（12\%-6\%）+0.2\times（3\%-6\%）+0.3\times（4\%-6\%）$$
$$=12\%$$

从上面的公式可以看出，套利定价理论导出了与资本资产定价模型相似的一种市场关系。套利定价理论以收益率形成过程的多因子模型为基础，认为证券收益率与一组因子线性相关，这组因子代表证券收益率的一些基本因素。事实上收益率通过单一因子（市场组合）形成时，将会发现套利定价理论形成了一种与资本资产定价模型相同的关系。因此，更多的投资者认为 APT 是比 CAPM 更一般化的资本资产定价模型，是一种广义的资本资产定价模型，为投资者提供了一种替代性的方法，来理解市场中的风险与收益率间的均衡关系。套利定价理论与现代资产组合理论、资本资产定价模型、期权定价模型等一起构成了现代金融学的理论基础。

有效市场理论：理性市场行为的产物

有效市场理论（Efficient Markets Hypothesis，英文缩写为 EMH）是西方主流金融市场理论，又称为有效市场假说，是由尤金·法玛于 1970 年深化并提出的。"有效市场假说"起源于 20 世纪初，这个假说的奠基人是一位名叫路易斯·巴舍利耶的法国数学家，他把统计分析的方法应用于股票收益率的分析，发现其波动的数学期望值总是为零。资本资产定价模型（CAPM）、套利定价理论（APT）以及期权定价模型（OPM）都是在有效市场假设之上建立起来的。

根据尤金·法玛的描述："有效市场是这样一个市场，在这个市场中，存在着大量理性的、追求利益最大化的投资者，他们积极参与竞争，每一个人都试图预测单个股票未来的市场价格，每一个人都能轻易获得当前的重要信息。在一个有效市场上，众多精明投资者之间的竞争导致这样一种状况：在任何时候，单个股票的市场价格都反映了已经发生的和尚未发生，但市场预期会发生的事情。"

1970 年，法玛提出了有效市场假说，其对有效市场的定义是：如果在一个证券市场中，价格完全反映了所有可以获得的信息，那么就称这样的市场为有效市场。

有效市场理论主要包含以下几个要点：

（1）在市场上的每个人都是理性的经济人，金融市场上每只证券所代表的各家公司都处于这些理性人的严格监视之下，他们每天都在进行基本分析，以公司未来的获利性来评价公司的股票价格，把未来价值折算成今天的现值，并谨慎地在风险与收益之间进行权衡取舍。

（2）证券的价格反映了这些理性人供求的平衡，想买的人正好等于想卖的人，即，认为证券价格被高估的人与认为证券价格被低估的人正好相等，假如有人发现这两者不等，即存在套利的可能性的话，他们立即会用买进或卖出证券的办法使证券价格迅速变动到能够使二者相等为止。

（3）证券的价格也能充分反映该资产的所有可获得的信息，即"信息有效"，当信息变动时，证券的价格就一定会随之变动。一个利好消息或利空消息刚刚传出时，证券的价格就开始异动，当它已经路人皆知时，其价格也已经涨或跌到适当的价位了。

当然，有效市场理论只是一种理论假说，实际上，并非每个人都是理性的，也并非在每一时点上信息都是有效的。"这种理论也许并不完全正确，"曼昆说，"但是，有效市场假说作为一种对世界的描述，比你认为的要好得多。"概括来说，衡量证券市场是否具有外在效率有两个标志：

（1）价格是否能自由地根据有关信息而变动。

（2）证券的有关信息能否充分披露和均匀分布，使每个投资者在同一时间内得到等量等质的信息。

根据这一假设，投资者在买卖证券时会迅速有效地利用可能的信息。所有已知的影响一种证券价格的因素都已经反映在股票的价格中，因此根据这一理论，证券的技术分析是无效的。

其实，有效市场有两种定义，一种是内部有效市场，又称交易有效市场，它主要衡量投资者买卖证券时所支付交易费用的多少，如证券商索取的手续费、佣金与证券买卖的价差；另一种是外部有效市场，又称价格有效市场，它探讨证券的价格是否迅速地反映出所有与价格有关的信息，这些"信息"包括有关公司、行业、国内及世界经济的所有公开可用的信息，也包括个人、群体所能得到的所有私人的、内部非公开的信息。要想成为有效市场必须具备以下条件：

（1）投资者都利用可获得的信息力图获得更高的报酬。

（2）证券市场对新市场信息的反应迅速而准确，证券价格能完全反映全部信息。

（3）市场竞争使证券价格从旧的均衡过渡到新的均衡，而与新信息相应的价格变动是相互独立的或随机的。

从中可以看出，提高证券市场的有效性，根本问题就是要解决证券价格形成过程中在信息披露、信息传输、信息解读以及信息反馈各个环节所出现的问题，其中最关键的一个问题就是建立上市公司强制性信息披露制度。从这个角度来看，公开信息披露制度是建立有效资本市场的基础，也是资本市场有效性得以不断提高的起点。

随机漫步理论：涨跌是难以捉摸的

随机漫步理论的起源可能早于道氏理论，是谁提出来的无从考证，但很多投资者信奉这个理论，认为找不到证券市场的走势模式，证券市场的涨涨跌跌是很难捉摸的，所以他们认为道氏理论关于牛市和熊市的论述是错误的，因为证券市场根本就没有规律。

随机漫步理论是一种反对图表的理论。一切图表走势派的存在价值，都是基于一个假设，就是股票、外汇、黄金、债券等所有投资都会受到经济、政治、社会因素影响，而这些因素会像历史一样不断重演。譬如经济如果由大萧条复苏过来，物业价格、股市、黄金等都会一路上涨。升完会有跌，但跌完又会再升得更高。即使对短线而言，支配一切投资价值规律都离不开上述所说因素，只要投资人士能够预测哪一些因素支配着价格，他们就可以预知未来走势。就股票投资而言，图表趋势、成交量、价位等反映了投资人士的心态趋向。他们的收入，年龄，对消息了解、接受消化程度，信心热炽，全部都由股价和成交反映出来。根据图表就可以预知未来股价走势。不过，随机漫步理论却反对这种说法，它认为投资无迹可循。

随机漫步理论认为，证券价格的波动是随机的，像一个在广场上行走的人一样，价格的下一步将走向哪里，是没有规律的。

证券市场中，价格的走向受到多方面因素的影响，一件不起眼的小事也可能对市场产生巨大的影响。从长时间的价格走势图上也可以看出，价格的上下起伏的机会差不多是均等的。

随机漫步理论指出，证券市场内有成千上万的精明人士，并非全部都是愚昧的人。每一个人都懂得分析，而且资料流入市场全部都是公开的，所有人都可以知道，并无什么秘密可言。既然大家都知道，那么证券现在的价格就已经反映了供求关系，或者离本身价值不会太远。

就拿股票投资来说，每股资产值、市盈率、派息率等基本因素并不是什么大秘密，每一个人打开报章或杂志都可以找到这些资料。如果一只股票资产值10元，断不会在市场变到值100元或者1元。市场不会有人出100元买入这只股票或以1元卖出。现时股票的市价已经代表了千万醒目人士的看法，构成了一个合理价位，市价会围绕着内在价值而上下波动。这些波动却是随意而没有任何轨迹可循的。

这是为什么呢？据随机漫步理论，造成市场波动的主要原因是新的经济、政治新闻消息随意地流入市场，这些消息使基本分析人士重新估计证券的价值，而做出买卖方针，致使证券发生新变化。因为这些消息无迹可循，是突然而来的，事前并无人能够预告估计，各种证券的价格走势推测这回事并不可以成立，图表派所说的只是一派胡言。

既然所有证券价格在市场上的价钱已经反映其基本价值。这个价值是公平地由买卖双方决定，这个价值就不会再出现变动，除非突发消息如战争、收购、合并、加息减息、石油战等利好或利淡等消息出现才会再次波动。但下一次的消息是利好或利淡大家都不知道，所以证券现时是没有记忆系统的。昨日升并不代表今日升；今日跌，明日可以升亦可以跌。每日与另一日之间的升跌并不相关。就好像掷硬币一样，今次掷出是正面，并不代表下一次掷出的又是正面，下一次所掷出的是正面或反面，机会各占50%，亦没有人会知道下一次一定会是正面或反面。

既然证券的价格是没有记忆系统的，企图用证券的价格波动找出一个原理去战胜市场，这样的投资策略必定是失败的。因为证券价格完全没有方向，随机漫步，乱升乱跌，我们无法预知股市去向，无人能成为持久的赢家，亦无人一定会输。至于投资专家的作用其实不大，甚至可以说全无意义，因为投资市场本无规律可循。

根据随机漫步理论，在投资的时候，看太远的走势没有太大的意义，只能从纯粹技术面去推断波动空间，这和算命先生的工作没什么两样，准不准只有天知道。操作上还是要严格按规矩办事，"计划你的交易，交易你的计划"，这可不是句空话，这是投机者在市场安身立命的根本。

投资者分析市场，信息永远是不全面的，用不全面的信息去预测市场，不管你怎么分析，结果都不可能真正准确，市场的表现可能偶尔与你的预测一致，但是请相信这是运气。没有谁能完全了解市场波动的所有影响因素，市场是人构成的，人的行为永远不可能做到真正的理性，市场从某种程度上来说就是大家都在犯错误。

根据随机漫步理论，在市场中，看对是偶然的，看错是必然的，这是投资的定律，不管是股票、基金、外汇都是一样的。投资市场只存在波动，并不存在趋势，趋势只存在于历史的交易中，投资市场未来的趋势谁都不清楚，也就是说市场是随机漫步的。

支持该理论的投资者认为，分析不分析其实所得出的结果差不多，分析之后买进证券并不代表更有机会赚钱，一样会遭受损失，有时甚至是很大的损失，相反不分析买进证券，并不一定会失败，有时可能会赚得更多的利润。

盛衰理论：盛衰只是一瞬间的事

盛衰的过程是市场浮躁的表现，最初是自我强化，但由于没有办法稳定事态的发展，最后只能任其朝相反的方向发展。所谓物极必反之，讲的就是这个道理。

典型的盛衰过程需经历从初始到衰落的阶段：

1. 初始阶段：这一时期，金融市场的未来发展趋势还没有完全确定。流行趋势和流行"偏见"彼此作用，互相补充。

2. 自我强化阶段：此时的趋势已经确定。随后大家纷纷跟风，于是这种确定后的趋势会被加强，并开始"自我强化"。随着盛行趋势和人们"偏见"的彼此促进，"偏见"对趋势的影响力日益加强。由此，"偏见"的作用力愈来愈大，发展到一定程度时，不平衡状态就产生了。

3. 考验阶段："偏见"和实际情况的差距越来越大，由此，市场发展趋势和人们的"偏见"可能会受到外界各种各样的冲击，这一时期就是对趋势和"偏见"的考验阶段。

4.加速阶段：如果这些考验过后，趋势和"偏见"依然和开始一样存在，那就表明它们能经受住外界的冲击，从而加强了它的可信度。索罗斯称其是"无法动摇的"。

5.高潮阶段：随着事态的发展，事实真相逐渐显现出来，认识和现实之间开始出现差距，裂缝也在拉大。此时，人们的"偏见"也越来越明显了。这段时间是真相大白时期，事态的发展基本达到了顶峰。

6.衰落阶段：顶峰时期过后，就像镜像反射一般，由于自我强化的作用，必定会促成趋势的反转。事态开始走向与原来相反的方向，出现连续上涨或连续下跌的势态。

投资大师索罗斯指出，盛衰过程的走势在刚开始时比较缓慢，之后慢慢加速，达到顶峰状态后便开始走下坡路，最后是全面崩溃。事实上，只有等到事实真相完全显露出来时，人们才会发现，原来的发展趋势和"偏见"是多么错误。不过，要把握一涨一落的发展进程还不算难，最难的是判定盛衰过程的出现。

有人曾问过索罗斯："怎样判断一个盛衰过程的开始？"索罗斯回答道："当你早上看报纸的时候，是不是就有一口警示钟在耳边响起呢？那是怎样一个情形呢？"他认为，盛衰过程并不是每天都会出现。若要正确判断一次盛衰过程，首先必须了解投资者们对事态的基本看法，其次还要从宏观上把握整个金融市场的看法。索罗斯很注意寻找市场上的重大转折点，寻找由盛而衰、崩溃前的拐点等等。

金融市场是不断发展的，其中包含很多不确定因素。因此，盛衰过程随时都有可能发生。只有那些能够发现人们预期之外的发展趋势，并勇于在不稳定状态下下大赌注的人，才会赢得满堂彩。

1981 年 1 月，罗纳德·里根出任美国总统。里根有保守倾向，他一上台便加强整顿国防，但又不提高税收。对此，索罗斯敏锐地发觉其中蕴含着一个盛衰过程的开端，并戏称它是"里根大循环"。"所谓里根大循环，就是一个大圆圈。中央是美好的。而周边，也就是全球范围，却是十分丑陋的，呈现恶性循环。其基础就是坚挺的美元、旺盛的美国经济、不断增多的预算赤字、日益增加的贸易逆差和高高在上的利率。"索罗斯解释说，虽然有一个自我强化的过程，但却不会长久，最终将朝相反的方向发展。这就是一个盛衰过程。

1982 年夏，里根的各项新政策发挥出巨大的威力，美国经济呈现出迅猛的发展趋势，整个金融市场股价上涨。按照盛衰理论的解释，这一阶段是盛衰过程中的繁盛时期。不过，索罗斯并没有被胜利冲昏头脑。他清楚地看到一场前所未有的风暴即将到来。里根的保守政策必将导致美国经济的衰落。索罗斯深信盛衰过程中衰的一面必将到来。他坚信盛衰理论的科学性，在今后的某一时期，势必有一场百年不遇的大风暴席卷全球经济。但是，他无法预见这场风暴的开始时间和以怎样的形态出现。

事实证明，索罗斯的预见是正确的。20 世纪 80 年代初期，在里根总统的政策维护下，美元和股票市场的发展一度很好。吸引了不少外国资金，一切似乎都呈现出旺盛的生命力和强劲的发展。然而，索罗斯却不这么认为："其中有诸多不稳定因素，美元的坚挺和实际利率的提高定会削减预算赤字的刺激效果，从而使美国的经济实力大大减弱。"果不其然，1985 年，美元的高汇率使得美国商品的出口受到极大的阻碍，贸易逆差进一步扩大。同时，廉价的日本进口产品充斥着美国市场，构成了对美国本土工业的威胁。事态的发展似乎尽在索罗斯的掌握之中，他决定利用这次"衰面"的到来大干一场。

当时，很多金融分析师都看好周期类股票。然而索罗斯却独具慧眼地看好兼并收购和金融服务类股票。因此，当都会公司收购 ABC 电视网络时，量子基金买进了 60 万股 ABC 股票。1985 年 3 月，都会公司宣布，它将以每股 118 美元的高价购买 ABC 的股票。量子基金通过这次操作，轻松赢得 1800 万美元。1985 年 9 月，索罗斯赌日元和马克会上升。他在这两种货币上建立的多头头寸达 7 亿美元，远远高过量子基金的全部价值。

索罗斯运用他的"盛衰理论"，准确地看到了一个"帝国循环"的到来，并抓住机会大干了一场，取得了举世瞩目的成就。

然而正如"盛衰理论"所说"盛久必衰"，巅峰一过定会出现下坡。尽管索罗斯清醒地意识到衰败即将到来，但仍难逃厄运。1987 年全面崩盘的到来，使索罗斯"溃不成军"。

因为市场经常处于波动和不稳定状态，所以"繁荣——萧条"序列易于产生。赚钱的方式就在于寻找使这种不稳定资本化的途径，寻求意想不到的发展。只有当市场受到紧随的倾向行为支配时，盛衰才会发生。

大起大落理论：羊群效应的副产品

索罗斯的"大起大落理论"是建立在"反射论"基础上的股市波动模式，是他对暴涨暴跌现象的独特认识，又称"荣枯相生"理论。

索罗斯忠告人们："对荣枯相生周期的清醒认识是评价投机环境和选择投机时机的大前提。简单地说，荣枯相生就是开始是自我推进，继而难以维持，最终走向对立面。观念有缺陷的个体投资者使市场对他们的情绪起到推波助澜的作用，也就是说投资者使自己陷入了某种盲目的狂躁或类似于兽性的情绪之中。这就是群羊效应。市场的不确定因素越多，随波逐流于市场趋势的人也就越多；而这种顺势而动的投机行为影响越大，局面也就越不确定。投资之道其实就是在不稳定态上押注，搜寻超出预期的发展趋势。"

"我靠我的哲学理念来赚钱，而不是靠经济理论。我对市场的看法与大家公认的看法不同。我的第一个看法是，我们并不真正了解我们所处的这个世界，我把这叫作易错性；第二个看法是，我们对世界的了解并不符合真实情况，我把这叫作反思性！"

索罗斯解释道，当一窝蜂的偏见持续一段时间后，会形成一种市场的主流力量，因而令走势与现实差距愈来愈大。从而造成更大的"羊群效应"。以此模式反复膨胀一段时间后，当偏差大得过分明显时，泡沫将会破灭并回归现实，这就是他的"大起大落理论"——当偏见过大，就会成为"大起"，"大起"到了极点，就会"大落"。但若在"大起"完成前适当地调节，就不会出现"大落"这种情况！

当认知和真实的差距很大时，形势往往失去控制。索罗斯得出结论："这种过程刚开始能自我强化却无法持久，因此最后必然反转。"盛极必衰、否极泰来，狂涨带来狂跌，狂跌酝酿着狂升，索罗斯便捕捉市场大起大落间的时机，每次都抢先一步带动投资者行为，为自己创造赚钱的机会。

由以上的分析我们可以看到，股市的暴涨是羊群效应的凸显。索罗斯在此基础上，进一步提出了他的"自我强化"理论。

当市场变得越不稳定的时候，越多的人就会被这种趋势影响。而这种趋势所投射的影响越大，市场的形式也就越不稳定。最后，当达到一个临界点之后，局势失控、市场崩溃，相反方向的"自我强化"过程又会重新开始。

这种错误会反过来影响市场，使得原先的看法显得相当的准确。例如以外汇为例，当人们对某个国家的货币丧失信心的时候，人们纷纷开始抛售该国货币，造成该国本币汇率下跌和外币汇率上涨；于是该国市场上的进口商品带头上涨，并且带动其他商品价格上涨，结果导致通货膨胀。

索罗斯"狙击英镑，狙击泰铢"大获全胜的一个共同点，那就是两国政府产生偏见，并对自己国家本币升值抱着必然上行的思想，不分析国际大趋势，不分析热钱流进流出后的趋势。盲目做多升值，如此索罗斯经过投石问路，试探性攻击，最后一击致命，大获全胜。每当大盘暴跌时，个股会出现泥沙俱下的场面，这和个股投资价值没关系，也和未来走势没关系，这只是偏见造成的羊群效应而已。

索罗斯说："这种现象为'自我强化'，即最终将成为自我拆台的连锁反应！"索罗斯认为"自我强化"必然导致"大起大落"。

索罗斯指出，完整的"大起大落"过程并不是俯拾即是，事实上它们是难得一见的；而且，大起之后也未必一定是大落。大落必须靠一些事件触发才会发生。

第六章

激发财富灵感：
小创意，大财富

发掘你的第一桶金

第一桶金是一个人将来迈向辉煌人生的奠基石，只有先掘得人生的第一桶金，才能施展你更大的抱负，才能走向人生更大的成功。因为任何一个成功者的第一桶金，都浸透着他的智慧与血汗。有了第一桶金，第二桶、第三桶就容易源源不断地来了，原因并不是因为有了资本，而是因为找到了赚钱的方法。这时候的你，哪怕这第一桶金全部失去了，也有十足的信心与能力重新找回。

曾经有这样一则故事：吕洞宾看一个乞丐可怜，就在路边捡了一块石头，用手指一点，那块石头就变成了金砖。他将这金砖递给乞丐，却遭到了乞丐的拒绝。吕洞宾奇怪地问乞丐："你为什么不要金砖？"乞丐的回答却是："我想要你那根点石成金的手指。"第一桶金的意义就在于此，不仅赚了钱，更重要的是找到了赚钱的方法。

赚取第一桶金的过程，实际上就是将普通手指变为点石成金的金手指的过程。创业已经成功的人，他的经历和素质本身就是一笔财富，他可能有失败的时候，负债累累，但只要心不死，他还会富起来的。

让我们一起来看看一些中外企业家赚取第一桶金的过程。

白手起家的富翁刚开始时都不是企业家和资本家，在积累财富和经验的初期，他们或者是雇员，或者是自己雇用自己的自由职业者。

　　新东方的校长俞敏洪是一位超级富翁，他并不是一开始就是一个企业家。俞敏洪 1984 年毕业于北京大学英语系，毕业后留校任教。当时的薪水每个月仅有 120 元。他说，他当时唯一的能力就是教英语。1991 年底，他开始在一些英语培训学校兼课，拼命教书赚钱。一天教 6 个小时可赚 60 元，两天就相当于刚开始在北大教课时 1 个月的工资。次年他就辞掉了北大的教职，专职为别人补习英语。"当时目标简单，就想教书赚钱，然后出国读书。"他说。但教着教着，他发现了一个重要的商机，那就是准备出国的人越来越多，他们都有补习英语的需求。1993 年 10 月，俞敏洪创办了新东方。但是，那时的学校员工只有 4 个人，而学生也只有 20 来个人。然而新东方很快就发展起来了，它收费很低，且处于高校的聚集地北京市海淀区，周围有北大、清华、人大、北师大等数十所高校，地理位置得天独厚，再加上他有声有色、带有激情的讲课，吸引了很多学生的到来。1994 年和 1995 年，新东方发展特别快，开始在留学梦群体中树立了权威。1995 年，从全国各地走进"新东方"的学员达到了 1 万多人，俞敏洪编写的《GRE 词汇精选》被大学生们称为出国留学考试的"红宝书"，几乎人手一册，俞敏洪获得了他从未有过的成功。随着新东方的迅速发展，俞敏洪开始聘请大量教师和高级管理人员。在新东方，一名普通教师的年薪也能达到 10 万元以上。2000 年，新东方仅教学收入就达 9000 万元。

　　俞敏洪的第一桶金可谓来之不易，但正是这第一桶金奠定了他事业的基础。现在，"新东方"已经成为一个响当当的品牌。

创业是一个长期的艰苦过程，不可能在很短的时间内就创造一个亿万富翁。之所以少，就因为难，物以稀为贵。但是，挖掘"第一桶金"越是艰难，后来创业便越容易成功。

对白手起家的创业者来讲，第一桶金也许要 5 年，第二桶金也许只要 3 年，第三桶金也许只要 1 年，甚至更短。因为你已经有了丰富的经验和可启动的资金，就像汽车已经跑起来，速度已经加上来，只需轻轻踩下油门，车就可以高速如飞一般。

年轻人有的是热情、书本知识，缺少的是经验、金钱。而金钱恰恰是创业所必需的，所谓初次创业成功就是掘到第一桶金。有了这第一桶金，加之掘金过程中积累的经验，你的创业之路开始步入正轨了。那么如何得到这宝贵的第一桶金呢？有各种各样的方法，如凭长辈赐予、偶然所得（比如中彩票）。有一位成功人士说过，创业者的第一桶金往往不是那么干净。只要在法律许可的范围内，找点其他门路也未尝不可。常言道：窍门到处有，看你瞅不瞅。精诚所至，金石为开。

总之，创富必须先找到适合自己的一块掘金之地。

这块地应该具有如下特点：必须是市场所需要的；你的竞争对手不具备优势或不愿涉足；尚未被大多数人发现。

掘金之地应从以下几个方面寻找：

首先，应该从自身的经历找。以往的学习和工作经历，绝不是时间的简单堆砌，而是智慧的积累和能量的储备。无论是愉快的经历、艰苦的经历，还是漫不经心的经历，都蕴藏着许多可供利用的有价值的东西。如果放着"资源"不去开发利用，无异于是一种浪费。从经历中寻找优势，加以更新提高，你会发现成功并不是想象的那么远。

其次，从个人的"爱好"寻找。每一个人都有自己的爱好与兴趣，如果平时在爱好与兴趣的过程中稍加留意近期外面的世界，并将爱好与投资有机结合起来，你就有可能因"爱好"而富裕起来。这样的事例很多，那些IT英雄几乎无一不是电脑的"发烧友"，正是这浓厚的兴趣引领他们一步步走向财富殿堂。

最后，选择投资领域必须与自己的秉性结合起来。如果你浑身充满创造力，内心热情如火，外表光芒万丈，可考虑投资经营公关公司、自助火锅店、快餐外送等服务业。但如果你天性好静，不愿与别人打交道，那做这一行就是一种折磨，不如自己在家做股市炒手，会有更多的收获。还有，如果你喜欢精致有品位的生活，那么涉足美容业、精品店、手工艺品专卖店及小型咖啡屋，一定能让你一展雄才。如果你能时时设身处地为他人着想，那么开一家心理诊所、办一家花店或园艺店正符合你的特点，因为这些行业正好需要你这种特征。

与众不同的思考才能赚钱

美国石油大亨约翰·D.洛克菲勒曾说过："如果你要成功，你应该朝新的道路前进，不要跟随被踩烂了的成功之路。"创新是人类的特质，只有摆脱常人的思维模式，踏出一条新的道路来，你才能在财富之路上异军突起。

罗伯特在大学 3 年级时便退学了。他年仅 23 岁时就开始在佐治亚州克林夫兰家乡一带销售自己创作的各种款式的"软雕"玩具娃娃，同时还在附近的多巨利伊国家公园礼品店上班。

曾经连房租都缴不起、穷困潦倒的罗伯特如今已成了全世界最有钱的年轻人之一。这一切不是归功于他的玩具娃娃讨人喜爱的造型和它们低廉的售价，而是归功于他在一次乡村市集工艺品展销会上突然冒出的一个灵感。在展览会上罗伯特摆了一个摊位，将他的玩具娃娃排好，并不断地调换拿在手中的小娃娃，他向路人介绍"她是个急性子的姑娘"或"她不喜欢吃红豆饼"。就这样，他把娃娃拟人化，不知不觉中就做成了一笔又一笔的生意。

不久之后，便有一些买主写信给罗伯特诉说他们的"孩子"也就是那些娃娃被买回去后的问题。

就在这一瞬间，一个惊人的构想突然涌进罗伯特的脑海中。罗伯特忽然想到，他要创造的根本不是玩具娃娃，而是有性格、有灵魂的"小孩"。

就这样，他开始给每个娃娃取名字，还写了出生证书并坚持要求"未来的养父母们"都要做一个收养宣誓，誓词是："我某某人郑重宣誓，将做一个最通情达理的父母，供给孩子所需的一切，用心管理，以我绝大部分的感情来爱护和养育他，培养教育他成长，我将成为这位娃娃的唯一养父母。"

玩具娃娃就这样不仅有玩具的功能，而且凝聚了人类的感情，将精神与实体巧妙灵活地结合在一起，真可谓是一大创举。

数以万计的顾客被罗伯特异想天开的构想深深吸引，他的"小孩"和"注册登记"的总销售额一下子激增到 30 亿美元。

正是那个惊人的构想成就了罗伯特的辉煌。一个小小的创意就能获得巨额财富，就看你想不想动脑筋了。

即使是亿万富翁和经验丰富的人也会出现失误，并为自己的错误付出高昂的代价。对刚刚起步涉足商海的人来说，这是很危险的。你如何决定什么是可能的、什么是不可能的，都要依靠你的大脑去思考。

太明显的事情不会让我们发财，如果真是这样，世界上到处都是亿万富翁了。成功者和我们身边那些沉溺于平庸、勉强度日的人相比，就像是瞎子中间富有洞察力的人。亿万富翁与常人不同，他们善于用大脑去思考，他们想办法解决阻碍他们前进的障碍，他们发现的是最终能够让他们到达成功彼岸的方法和行动。

创意并非都正确，奇迹也并非统统能实现。即便如此，仍应当鼓励自己和别人积极思考。"美国氢弹之父"泰勒几乎每天都动脑思考出 10 个新想法，其中可能 9 个半不正确。然而他就是靠许多"半个正确"的创意，不断创造成功的奇迹！

借助思考，人们更容易找到获取成功的突击方向，可以在阻挡着的障碍上撕开缺口。善于创意和珍视思考，是成功者应具备的可贵品质。

一般来说，竞争意识其实有两种不同的程度，一种是想要打败对方来获取胜利的攻击型竞争意识，另外一种是不胜对方也没关系，但不败给对方的防守反击竞争意识。

发挥防守反击型竞争意识会怎样呢？那就是别人不做的事情，你觉得要负担风险，所以也不去做，大家都开始在做的事情，你一定很快地跟随去做。

有些人喜欢随潮流一哄而上，飞奔去做保龄球或餐饮酒吧等行业，就是怕赶不上车的心态，赶上了之后，才发觉自己什么技术、知识也没有，只好与别人来个技术合作。并不是说技术合作是不好的，但采取"只要跟着赚钱的潮流走……"的简单做法也许会获得蝇头微利，但是却绝对无法获得巨大成功的。

因此，并不是所有的人或企业都是这样的。其中，在许多成功的富翁里，有许多攻击型竞争意识旺盛的经营者。他们的共同点是有比别人强一倍的好奇心。有好奇心才会不断思考，有了思考并且又与众不同，就能从众人中脱颖而出。

创新对于创富具有十分重要的意义。俗话说："流水不腐，户枢不蠹。"对于创富的经营者来说必须永葆创新的青春，才能立足于商海。一旦你停止了创新，停止了进取，哪怕你是在原地踏步，其实也是在后退，因为其他的创富者仍在前进、在创新、在发展。

"创新者生，墨守成业者死"，这是一条被无数事实证明了的真理。很多创富者就是不懂得这个规律，稍有成就就裹足不前，坐吃老本，不再创新，不再开拓，妄求保本经营，结果不到几年就落伍了，被时代前行的波浪淘汰了。

创意是创新之母

创意是创新之母，只有找到好的创意，创新才能成功，才能更有效地赚钱。

创可贴的发明者埃尔·迪克森在生产外科手术绷带的工厂工

作。20世纪初，他太太在做饭时，经常将手弄破。迪克森总是能够很快为她包扎好，但是他却十分担心，自己不在家时，该怎么办呢？如果有一种特别方便的绷带，自己可以为自己包扎伤口就好了，那样，就不用担心太太自己包扎不了了。

于是，他想自己试着为太太做一个方便的绷带。他想把纱布和绷带做在一起，就能用一只手包扎伤口。他拿了一条绷带布平铺在桌子上面，在绷带上面涂上胶，然后把另一条纱布折成纱布垫，放到绷带的中间。可其中有个难题，做这种绷带要用不卷起来的胶布带，而粘胶暴露在空气中的时间长了表面就会干。

后来他发现，一种粗硬纱布能避免出现上述的问题，于是创可贴便问世了。

一家饭店开张，经理委托广告公司设计一个创意，让饭店在城里能够迅速提高知名度，吸引更多的消费者。很快，广告公司把创意计划送来了。创意内容只有5个字：无菜单点菜。所谓无菜单点菜，也就是说饭店不提供菜单，而是顾客喜欢什么，饭店提供什么。经理是饮食店里的行家，认为这样的创意简直就是瞎胡闹，无菜单点菜根本不符合饭店的惯例。但广告公司认为无菜单点菜比免费品尝、打折酬宾效果好得多。免费品尝虽大气但有诱饵之嫌，打折有时候就是对自己形象和品位的打折。而无菜单点菜则不然，能说明饭店有烹饪实力，能够烹制出各种菜肴。

经理半信半疑，仍然心存忧虑，如何能保证采购齐各种原料呢？而广告公司说，只要准备和其他饭店一样的菜即可。

无菜单点菜的广告打出后，人们觉得十分新鲜，饭店果然吸引了不少顾客。经理发现，顾客所点的菜大都是饭店已经配备的。

经理开始还纳闷，想了想便豁然开朗。无菜单点菜其实只是小小的技巧而已，它的高明之处在于使人们有了更多的主动权，而这个小小的变化所产生的效果却是不可估量的。

1981 年 4 月，杰克·韦尔奇接任美国通用电气公司总裁。这家公司规模庞大、产品分散，而且当时的情况并不景气。

韦尔奇刚一上任，就想：怎样才能管理好这样一个大公司呢？如何做才能使公司的销售和利润有所增长呢？经过调查，他发现公司管理得太死板，职工没有足够的自主权。通过仔细的分析，他认定只有全体员工团结一致，才能使公司迅速发展起来。于是根据公司的这一情况，他进行了全面的思考，并重新设定了公司的发展目标。

他对公司进行改革，实行"全员决策"制度。他让那些平时绝少有机会互相交流、按钟点上班的普通员工和中层管理人员以及工会领袖等都能被邀请出席决策讨论会，与会者彼此平等，各抒己见。

"全员决策"的施行，得到了全体员工的支持，增强了他们对公司经营的参与意识，潜藏在每个人身上的无限创意被充分发掘出来，大家纷纷献计献策，其中有 90% 以上的合理化建议都被韦尔奇采纳。

涓涓细流，汇成江海。没过多久，原本不太景气的公司取得了巨大的发展，成为全美名声显赫的优秀企业。

很多人都知道法国著名化妆品公司——香奈尔公司，它的发展壮大就是得益于一名员工在关键时期的一次关键性的创意。

创业成功最关键的是创意，更重要的不在于创意本身有多少美妙和神奇，而在于它在多大程度上的不可复制、市场潜力的大小以及实施计划的可行性。

　　要选择彼此充分了解的、互补型的创业合作伙伴，选择一个合适的创业切入点，选择一个非成熟市场，这样就会使创业早日成功的概率大一些。创业就好比走钢丝，稍微在哪个地方不小心，就会前功尽弃，甚至有生命危险，控制创业的风险是创业者保全自己的技巧。

　　创业者优点明显，他们往往有热情和韧性，有知识有勇气，但缺点也很明显。要么是懂技术的不懂管理，要么是在管理经验上有一手但缺乏技术的前瞻性。但随着市场上的摸爬滚打，很多创业者慢慢变成了多面手。

　　创业所需的内部文化环境包括相互信任、核心人物、共同的信念。创业者所需的外部环境，如社会对创业者的理解和支持，政府以种种社会资源支持创业者，等等。只有适宜的文化环境方可保障创业自由。在创业之前就把事业发展的规划全想明白，经过反复论证是不现实的，如果全想明白了，可能机会已有人抢先了。创业时的环境往往大多数人不看好，这给少数看好这些业务的人以机会。这时用常规的方法去论证，往往会得出结论说这个业务将会失败。

　　创业需要有创意的想法，但创意不等于创业，创意属于意识范畴，创业属于实践范畴。创业至少需要技术、资金、人才、市场经验、管理等因素中的两三项，否则贸然去创业，只有失败一条路。争取和利用资源，才能力争创业成功。

远见卓识是成功者的标签

每个创富的人都是必须有远见，以使你的决策能让你从中获取利益，赚取钱财。

曾经有这样一则故事：

3个年轻人一同结伴外出，寻找发财机会。在一个偏僻的小镇，他们发现了一种又红又大、味道香甜的苹果。由于地处山区，信息、交通等都不发达，这种优质苹果仅在当地销售，售价非常便宜。

第一个年轻人立刻倾其所有，购买了10吨最好的苹果，运回家乡，以比原价高两倍的价格出售。这样往返数次，他成了家乡第一个万元户。

第二个年轻人用了一半的钱，购买了100棵最好的苹果树苗运回家乡，承包了一片山，把果树苗栽种。整整3年时间，他精心看护果树，浇水灌溉，没有一分钱的收入。

第三个年轻人找到果园的主人，用手指着果树下面，说："我想买些泥土。"

主人一愣，接着摇摇头说："不，泥土不能卖。卖了还怎么长果树？"

他弯腰在地上捧起满满一把泥土，恳求说："我只要这一把，请你卖给我吧，要多少钱都行！"

主人看着他，笑了："好吧，你给一块钱拿走吧。"

他带着这把泥土返回家乡，把泥土送到农业科技研究所，化验分析出泥土的各种成分、湿度等。接着，他承包了一片荒山，用整整 3 年的时间，开垦、培育出与那把泥土一样的土壤。然后，他在上面栽种了苹果树苗。

现在，10 年过去了，这 3 位结伴外出寻求发财机会的年轻人命运迥然不同。第一位购苹果的年轻人现在每年依然还要购买苹果运回来销售，但是因为当地信息和交通已经很发达，竞争者太多，所以赚的钱越来越少，有时甚至不赚钱反而赔钱。第二位购买树苗的年轻人早已拥有自己的果园，因为土壤的不同，长出来的苹果有些逊色，但是仍然可以赚到相当的利润。第三位购买泥土的年轻人，他种植的苹果果大味美，和山区的苹果不相上下，每年秋天引来无数购买者，总能卖到最好的价格。

这个故事其实就是讲远见，最有远见的第三个年轻人赚取了最多的钱。

亚吉波多曾这样评价洛克菲勒："洛克菲勒能比我们任何人都看得远，他甚至能看到拐弯过去的地方。"

19 世纪 80 年代中期，当宾夕法尼亚州的油田由于疯狂的开采而趋向枯竭时，蕴藏量更大的俄亥俄州的油田正在开发起来。

当时新发现的利马油田，地处俄亥俄州西北与印第安纳州东部交界的地带。那里的原油有很高的含硫量，反应生成的硫化氢发出一种鸡蛋腐败的难闻气味，所以人们都称之"酸油"。没有原油公司愿意买这种低质量的原油，除了洛克菲勒。

当洛克菲勒提出自己要买下油田的建议时，几乎遭到了标准石油公司执行委员会所有委员的反对，包括亚吉波多、普拉特和罗杰斯等。因为这种原油的质量实在太低了，每桶只值 0.15 美元，虽然油量很大，但谁也不知用什么方法才能对它进行有效的提炼。只有洛克菲勒坚持有一天会找到炼去高硫的方法。亚吉波多甚至说，如果那儿的石油提炼出来的话，他将把生产出来的石油全部吞进肚子。不管亚吉波多怎么说，洛克菲勒总是固执地保持沉默。亚吉波多最终失望了，他当即表示将他的部分股票以每 1 美元减到 85 美分出售。

面临着非此即彼的选择，执行委员会同意了。标准石油公司第一次以 800 万元的最后价格购买了油田，这是公司第一次购买产油的油田。

洛克菲勒始终是乐观的，美孚托拉斯的前景如此辉煌，他的乐观简直变成了如痴如狂。他从自己的腰包里掏出 300 万美元，让一位颇有名气的化学家——德国移民赫尔曼·弗拉希来研究一种可将石油中的硫提取出来的方法。

弗拉希一头扎进了实验室。洛克菲勒不懂化学，但知道科学家的工作是不能受到干扰的。对弗拉希的要求，他一概有求必应。用于研究的经费是巨大的，几万美元维持几个月时间就算不错了。弗拉希提炼利马石油的工作进展缓慢，研究费用却持续地迅速增高，从几万美元增加到几十万美元。美孚公司的巨头们再次开会，讨论是否立即放弃利马石油，把准备投到那儿的资金抽往别处。亚吉波多以胜利者的姿态，幽默地对洛克菲勒说，看来他已经没必要喝光提炼出来的利马石油了。他为自己转让股票的行为而感到庆幸。

然而，洛克菲勒仍以微笑作答，对大家的提醒不置一词。

利马石油的价格，在两三年内一跌再跌。到 1888 年初，它已跌到每桶不到 2 美分，拥有利马油田股票的人纷纷抛出，并自叹倒霉。

弗拉希的工作没有中断，他常常通宵达旦地待在实验室里。研究工作其实已有了些眉目。当洛克菲勒询问他究竟有多大把握时，弗拉希谨慎地回答：至少有 50% 的把握。

于是，洛克菲勒不再说什么。他命令手下到交易所收购那些廉价抛售的利马石油股票，他要干就要干到底。

事实证明洛克菲勒是正确的。一段时间以后弗拉希的研究成功了，他找到了一种完善地处理含硫量过高的利马油田的脱硫法，并因此获得专利，这种方法从此就被称为弗拉希脱硫法。

利马油田的股票价格迅速上涨，短短的时间就上涨将近 10 倍。洛克菲勒收进的那些股票又赚了一大笔。

正是洛克菲勒的远见卓识使他赚了这笔钱。

要成为成功的商人，就要有敏锐的心思，可以预知未来的情势，不要眼光短浅，只贪眼前的蝇头小利，那样的人永远只能跟在人们后边，赔钱是肯定的。

纵观历史，预测人类的行为，显然比预测天气更容易。

智者切面包时，计算 10 次才动刀；倘若换成愚者，即使切了 10 下也不会估测一下，因此切出来的面包，总是大小不一或数量不对。这就是智者和愚者做事时思考模式的不同。

曾经有人把当前的社会称为"想象力经济"时代，要想在这个时代淘到金钱，你必须具有超凡的想象力，而想象力必须依托于远见，只有有远见的人，才能准确地预测市场，看到未来的发展趋势，从而取得成功。

从蛛丝马迹中洞察财源

世上许多地方，时时处处皆有财源，就看你是否有一双发现的眼睛。培养洞察力，是致富必不可少的一项工作。

在股市之中，巴菲特纵横驰骋，无人可敌。他以不断进取的精神、冷静敏锐的判断力赢得了人们的尊敬。其实巴菲特最不同寻常的地方就是他的洞察力，正是这种洞察力为他带来了滚滚财源。要想成为亿万富翁，培养你的洞察力是必须的。

1962年，柏克夏·哈撒威纺织公司因为经营管理不善而陷入危机，股票因此下跌到每股8美元。而巴菲特计算，柏克夏公司的营运资金每股在16~50美元，是它股价的两倍。于是，巴菲特以合伙人企业名义开始购进。到了1963年，巴菲特的合伙人企业已经成为柏克夏公司的最大股东，巴菲特也成为该公司的董事。

尽管柏克夏公司的形势不断恶化，工厂不断关闭，销售下降，公司亏损不断，但巴菲特还是继续买进。

很快，他的合伙人公司拥有了柏克夏49%的股份，并掌握了公司的控股权。作为杰出的股票投资天才，巴菲特接管柏克夏公司以后，没有将收回的效益返回到纺织业上去，而是对存货和固定资产进行了清理。他改变了柏克夏公司的资本流向，改变了企业的经营方向，使它从纺织业转向了保险业。因为在巴菲特看来，纺织品行业需要厂房和设备投资，故而很消耗资金，而保险业却是能直接产生现金的，它的收益马上就可以得到，而债务却是在很久以后才偿付的。在保险公司收到资金到最后偿付债务之间的时间内，它就可以拥有一大笔可以用来投资的基金，在贸易中叫作"筹款"。在巴菲特看来，开展保险业务就等于打开了一条可用于筹资和投资的现金通道。1967年，巴菲特以860万美元收购了奥马哈国际保险公司，从此以后，柏克夏就有了资金来源。在接下来的几年中，巴菲特又用柏克夏保险公司的"筹款"并购了奥马哈太阳极公司和规模更大的伊利诺伊国民银行及信托公司。今天，柏克夏公司的股票是纽约证券交易所最昂贵的股票，它的价格已由当初最低每股7～60美元上升到每股3000美元，最高达到每股9000美元。

1964年，由于色拉油事件的谣传越来越多，美国捷运公司的股票再次跌至每股35美元。华尔街的证券商们好像商量好了一样，同唱着一个调子——"卖"。

就在这时候，巴菲特毅然逆潮流而动，将自己1/4的资产投入到这只股票上。

很快，他被自己这种类似赌博的投资所鼓舞了，美国捷运公司很快走出了色拉油谣传的阴影，到了1965年，股价升到了70～73美元一股，是收购价的1倍多。巴菲特合伙人企业在那一年创下了超过道琼斯工业指数33个百分点的惊人业绩。

在巴菲特经营合伙人企业的第二个5年中，扣除巴菲特应得的利润份额后，巴菲特有限责任合伙人的投资额上升了704.2%，是道琼斯赢利的6倍。投资者们开始崇拜巴菲特了，因为他使他们每一个都变成了百万富翁，他的地位达到了神话般的程度。《奥马哈世界先驱报》这样写道："全美最成功的投资企业之一是在奥马哈由一位在年仅 11 岁时就买了第一张股票的年轻人所经营的。"

买股票当然需要预测力和洞察力，因为在风云变幻的股市上，时刻都变化万千，没有出色的洞察力，就不可能取得成功。其实不仅在股市上，在很多地方都需要洞察力才能取得财富。

老希尔顿创建希尔顿旅店帝国时，曾指天发誓："我要使每一寸土地都长出黄金来。"

无疑，他是天才，天才特有的目光使他从不忽略任何一次发财的机会，任何一寸他所管辖的土地都不会休闲沉睡。

70 年前，希尔顿以 700 万美元买下华尔道夫——阿斯托里亚大酒店的控制权之后，他以极快的速度接手管理了这家纽约著名的宾馆。一切欣欣向荣，很快进入正常的最佳营运状态。在所有的经理们都已认为充分利用了一切生财手段、再无遗漏可寻时，希尔顿依旧像园丁一样，一言不发地寻找着可能被疏忽闲置的菜地。

人们注意到，他的脚步时常在酒店前台有所停顿，他的目光像鹰一样，注视着大厅中央巨大的通天圆柱。当他一次次在这些圆柱周围徘徊时，侍者们都意识到，又有什么旁人意想不到的高招儿在他的头脑里闪耀了。

希尔顿独自推敲过这些柱子的构造后发现，这 4 根空心圆柱在建筑结构上没有支撑天花板的力学价值。那么它们存在的意义是什么呢？美观吗？但没有实用价值的装饰，无异于空间的一种浪费。希尔顿最不能容忍的就是一箭只射一雕。

于是，他叫人把它们迅速改造成 4 个透明玻璃柱，并在其中设置了漂亮的玻璃展箱。这回，这 4 根圆柱就不仅仅是装饰性的了，在广告竞争激烈的时代，它们便从上到下充满了商业意义。

没过几天，纽约那些精明的珠宝商和香水制造厂家便把它们全部包租下来，纷纷把自己琳琅满目的产品摆了进去。而老希尔顿坐享其成，每年都由此净收 20 万美元租金。

有许多人想干一番大的事业，但总是强调没有资金或其他必备的条件。实际上，只要思路开阔，能够想出别人想不到的主意，即使空气和水也能卖钱。例如日本商人将田野、山谷和草地的清新空气，用现代技术储制成"空气罐头"，然后向久居闹市、饱受空气污染的市民出售。购买者打开空气罐头，靠近鼻孔，香气扑面，沁人肺腑，商人因此获得了高额利润；美国商人费涅克周游世界，用立体声录音机录下了千百条小溪流、小瀑布和小河的"潺潺水声"，然后高价出售。有趣的是，其生意兴隆，购买水声者络绎不绝；法国一商人别出心裁，将经过简易处理的普通海水放在瓶子中，贴上"海洋"商标出售；国外还有人销售月亮上的土地、星星的命名权等等。

从某种意义上说，洞察力就是财源。要想成为亿万富翁，没有洞察力是不行的。众人都能观察到的商机，即使你看到了又有何作用呢？只有洞察众人所不察的商机，才能获取财富。

从小事中激发创意

"一花一世界，一叶一菩提。"在佛教徒的眼中所见皆是佛。其实，创富的人也一样，你身边的任何一件小事中都可能蕴含着极大的商机。关键在于你有没有发现的眼睛。从小事中激发出来的创意往往会给你带来意想不到的收获。

　　说起小事中的创意就不能不说日本人，他们在激发创意方面闻名于世，创造了许多致富神话，我们就来看几个例子。

　　佐佐木基男是日本神户的一位大学毕业生，他毕业后在一家酒吧打短工，遇到一位从中东来的游客，这位游客名叫阿拉罕，他很快就跟佐佐木相识了，而且二人说话很投机。于是，阿拉罕送了一只奇妙的打火机给佐佐木。

　　佐佐木反复玩弄这只打火机，每当他一打着火，机身便会发出亮光，并且机身上会出现美丽的图画；火一熄，画面也跟着消失了。

　　佐佐木觉得这只打火机十分新奇、美妙，便向阿拉罕打听，这只打火机是什么地方生产的。阿拉罕告诉他，这是他到法国时买的，而且是打火机当中的最新产品。

　　佐佐木早就不想在酒吧里打工，他想自己创业，现在碰到这种新颖奇妙的打火机，脑子里灵机一动，觉得能代理销售这种产品，一定会受到众多年轻人的欢迎。他一面想，一面开始行动，赶到神户图书馆，果然在一份法国杂志上找到了制造这种打火机厂家的广告。于是，他向这个厂家写了一封言辞恳切、愿意代理这种产品在日本销售的信。

　　不出一个月，法国厂家给他回了信，欢迎佐佐木成为它的代理商。结果，他花了1万美元，获得了这种打火机的代理权。

　　佐佐木推销这种打火机，很快就闯出了市场。购买的人很多，尤其是年轻人，拿着这种打火机总是爱不释手，尽管价钱贵一点，也舍得花钱买一只。

　　佐佐木是一个爱动脑筋的人，他不仅销售这种打火机，而且爱在打火机身上动脑筋。他想，要是把这种打火机的性能再变通一下，改造成另一种用具或玩具，这不是更好吗？

这样，他从探究这种法国打火机的性能入手，先掌握其窍门，再进行改造。日本人特别具有模仿、借鉴的"鬼才"。很快，他就由打火机推及水杯等几种用具和玩具。

佐佐木设计、制造出能够显示漂亮图画的水杯产品，大受日本人的欢迎。他制造出的这种水杯，盛满一杯水时，便会现出一幅美丽、逼真的画面，随着杯中水位的不同，画面也跟着变得不同。人们用这种杯子品茶、闲聊，简直是一种享受，谁拿在手上都不愿放下来。

他很快就积累了一大笔资金，并开办了一家成人玩具厂，专门制造打火机、火柴、水杯、圆珠笔、钥匙扣、皮带扣等具有鲜明特色的产品。正因为善于从小事中激发创意，佐佐木才能够取得骄人的成就。

日本的岛村产业公司及丸芳物产公司董事长岛村芳雄，在创业之初身无分文。有一天，他在马路上漫无目的地闲逛时，注意到街上许多行人都提着一个纸袋，这纸袋是买东西时商店给他们装东西用的。岛村灵机一动："将来纸袋一定会风行一时，做纸袋绳索生意是错不了的。"然而身无分文的他，虽然有雄心壮志，但是却有无从下手的感慨。最后他决心硬着头皮去各银行试一试。一到银行，他就把纸袋的前景、纸袋绳索的制作技巧，以及他的经营方法、对该事业的展望等说得口干舌燥，但每一家银行都不理睬他。然而他并不灰心，每天都前去走动拜访。苍天不负有心人，经过整整 3 个月的努力，到了第 69 次时，三井银行终于被他那百折不挠的精神所感动，答应贷给他日币100万元，当朋友、熟人知道他获得银行贷款时，也纷纷帮忙，有的出资10万元，有的出资20万元，很快就筹集了200万元。有了资金，创业两年后，他就成为名满天下的人。几年时间，他从一个穷光蛋摇身一变成为日本绳索大王。

日本有一家高科技公司。公司上层发现员工一个个萎靡不振，面带菜色。经咨询多方专家后，他们采纳了一个最简单而别致的治疗方法——在公司后院中用圆滑光润的约800个小石子铺成一条石子小道。每天上午和下午分别抽出15分钟时间，让员工脱掉鞋在石子小道上如做工间操般随意行走散步。起初，员工们觉得很好笑，更有许多人觉得在众人面前赤足很难为情，但时间一久，人们便发现了它的好处，原来这是极具医学原理的物理疗法，起到了一种按摩的作用。

好创意自身就是财富。一个年轻人看了这则故事，便开始着手他的生意。他请专业人士指点，选取了一种略带弹性的塑胶垫，将其截成长方形，然后带着它回到老家。老家的小河滩上全是光洁漂亮的小石子。在石料厂将这些拣选好的小石子一分为二，一粒粒稀疏有致地粘满胶垫，干透后，他先上去反复试验感觉，反复修改好几次后，确定了样品，然后就在家乡因地制宜开始批量生产。后来，他又把它们确定为好几个规格，产品一生产出来，他便尽快将产品鉴定书等手续一应办齐，然后在一周之内就把能代销的商店全部上了货。将产品送进商店只完成了销售工作的一半，另一半则是要把这些产品送进顾客眼里。随后的半个月内，他每天都派人去做免费推介。商店的代销稳定后，他又开拓了一项上门服务：为大型公司在后院中铺设石子小道；为幼儿园、小学在操场边铺设石子乐园；为家庭装铺室内石子过道、石子浴室地板、石子健身阳台等。一块本不起眼的地方，一经装饰便成了一处小小的乐园。

紧接着，他将单一的石子变为多种多样的材料，如七彩的塑料、珍贵的玉石，以满足不同人士的需要。

800粒小石子就此铺就了一个人的赚钱之路。

生活中，许多人老是抱怨没有机遇，觉得命运对自己太不公平。其实这种观念极为错误，不是没有机遇而是因为你没有去挖掘。

怎样才能抓住机遇呢？留心周围的小事，有敏锐的洞察力。在日常生活中，常常会发生各种各样的事，有些事使人大吃一惊，有些事则平淡无奇。一般而言，使人大吃一惊的事会使人倍加关注，而平淡无奇的事往往不被人注意，但它却可能包含重要的意义。

一个有敏锐观察力的人，就要能够看到不奇之奇。19世纪的英国物理学家瑞利正是从日常生活中发现了与众不同之处。在端茶时，茶杯会在碟子里滑动和倾斜，有时茶杯里的茶水也会洒一些，但当茶水稍洒出一点弄湿了茶碟时会突然变得不易在碟上滑动了，瑞利对此做了进一步探究，做了许多相类似的实验，结果得到一种求算摩擦的方法——倾斜法。当然，我们说培养敏锐的洞察力，留心周围小事的重要意义，并不是让人们把目光完全局限于"小事"上，而是要人们"小中见大""见微知著"。只有这样，才能有所创造、有所成就，并得到幸福。

此外，小缺陷中往往孕育着大市场。日本著名华裔企业家邱永汉曾说："哪里有人们为难的地方，哪里就有赚钱的机会。"企业应避免"一窝蜂"地挤上一个山头，而是要善于发现市场饱和的"空档"，把眼界放开，从不断完善现有产品，不断开发新产品中寻找财富。

在经济、技术高速发展的今天，产品周期大大缩短，如果企业还像以往那样，亦步亦趋地跟着市场走，恐怕只能分得残羹剩饭。要想获利就必须另辟蹊径。这就需要企业家能深入市场，从日常的观察中启动商业灵感，出奇制胜。广东某橘子罐头厂的厂长逛市场时发现，鱼头比鱼身贵，鸡翅比鸡肉贵，触发联想："橘皮为啥不能卖个好价钱呢？"于是组织人力研制生产"珍珠陈皮"，开拓出新市场。

其实，只要我们处处留心，就不难找到尚未被别人占领的潜在市场。我国一位私营企业家在参加广州进出口商品交易会时，见到一台美国制造的鲜榨果汁机，他便想到，如果在炙热的海滩，鲜榨果汁应该会大有市场。于是他首先在北戴河试营，结果不出所料，果然大赚了一笔。"想别人之未曾想，做别人之未曾做"，从一些看似平凡的现象中启动灵感，以超前的眼光猎获潜在的市场。只有这样，才能在瞬息万变的市场中掌握主动权，挖掘潜在的财富。信息作为一种战略资源，已经和能源、原材料一起构成了现代生产力的三大支柱。信息中包含着大量的商机，而商机中蕴藏着丰富的财富。企业家要有"一叶落而知秋到"的敏锐眼光，从不为别人所注意的蛛丝马迹中挖出重大经营信息，而后迅速做出决策，抓住转瞬即逝的机遇。

高明经营者如菲力普·亚默尔能从墨西哥发生瘟疫信息中想到美国肉类市场的动荡，从而通过低买高卖轻而易举净赚900万美元。上海航星修造船厂了解到当前市场西服畅销这一信息，率先转产大量生产干洗机，销量占全国市场 60% 以上。浙江农民看到日本商人常来收购农村常见的丝瓜筋，经过进一步了解其用途后便组织生产浴擦、拖鞋、枕套、枕芯等产品出口欧、美、日，做成了年出口 160 多万元的大生意。

商机就在我们身边，企业只要对每一条信息都仔细加以分析，就能抓住商机，取得成功。

善于在危机中发现商机

想要致富的人都难免会在致富的道路上遇到各种各样的危机，在这个时候，有些人选择了放弃，那么从此以后就只能堕入贫穷。那些不畏困难时刻留心的人，却能够从危机中发现商机，从而走出危机，获得财富。

曾在政府部门任职的王建辉在一个朋友的劝说下辞去公职，远涉重洋去了匈牙利。到了匈牙利后，他筹措资金，从国内发去了一个货柜的圣诞礼品，结果由于运输延误，具有时效性的礼品只得贱价处理。王建辉哑巴吃黄连，又苦又急，结果大病一场。

其后，王建辉冷静下来，从中国进口太阳眼镜。当时中国中低档眼镜已是国际市场中的宠儿，靠这批眼镜，王建辉才转危为安。此后他一直稳扎稳打，生意渐渐好转。他又决定到阿尔巴尼亚去开拓市场。当时阿尔巴尼亚商品极其匮乏，外国商人又很少到那里去，王建辉认为这正是自己经商发展的大平台。

由匈牙利到阿尔巴尼亚，须穿越南斯拉夫。王建辉独自驾车从布达佩斯出发，路上遭遇一伙歹徒抢劫，幸好警察及时赶来，他才捡了一条命，却因伤住院了。

在住院期间，王建辉发现阿尔巴尼亚医院里的小药品比布达佩斯要贵几倍。他仔细询问了一下，得知阿尔巴尼亚本国完全依赖进口，因此药品售价奇高。他猛然间意识到这里存在着巨大的价值空间，不是可以好好利用一下吗？经过多方的努力，他终于取得了阿尔巴尼亚主管部门的批准，从中国进口药品。1995 年 1 月 1 日，阿尔巴尼亚实行药品经销企业注册登记，王建辉是在该国卫生部申请注册的第一个中国人。他的公司是中国药品进入阿国的全权代理，进口量占该国药品的 40%，公司是该国税收 200 强之一。

王建辉的经历值得我们去学习，在危机面前，他并没有因畏惧而放弃，相反，身处危机之中的他却及时发现了商机走向了成功的道路。

1862 年，美国的南北战争正打得不可开交。林肯总统颁布了"第一号命令"，实行全军动员，并下令陆海军对南方展开全面进攻。

有一天，金融大亨摩根结识了一位新朋友克查姆——华尔街一位投资经纪人的儿子。克查姆神秘地告诉他的新朋友，说："我父亲最近在华盛顿打听到，北方军队士兵伤亡十分惨重！如果有人大量买进黄金，汇到伦敦去，肯定能大赚一笔。"

对商业极其敏感的摩根立时心动，提出与克查姆合伙做这笔生意。克查姆自然跃跃欲试，他把自己的计划告诉摩根："我们先与皮鲍狄先生打个招呼，通过他的公司和你的商行共同付款，购买四五百万美元的黄金——当然要秘密进行，然后将买到的黄金一半汇到伦敦，交给皮鲍狄，剩下一半我们留着。一旦皮鲍狄黄金汇款之事泄露出去，而政府军又战败时，黄金价格肯定会暴涨，到那时候，我们就堂而皇之地抛售手中的黄金，肯定会大赚一笔！"

摩根迅速地盘算了这笔生意的风险程度，爽快地答应了克查姆。一切按计划行事，正如他们所料，秘密收购黄金的事因汇兑大宗款项走漏了风声，社会上流传大亨皮鲍狄购置大笔黄金的消息，"黄金非涨价不可"的舆论四处流行。于是，很快形成了争购黄金的风潮。由于这么一抢购，金价飞涨，摩根眼看火候已到，迅速抛售了手中所有的黄金，趁机赚了一笔。

机会常常有，结伴而来的风险其实并不可怕，就看我们有没有勇气去抓住机遇。敢冒风险的人才有最大的机会赢得成功。古往今来，任何一个成功者都会经过风险的考验。因为，不经历风雨，怎么能看见彩虹，不去冒风险，又怎能抓住财富的衣袂。

从身边的小事做起

完成小事是成就大事的第一步。伟大的成就总是跟随在一连串小的成功之后。在事业起步之际，我们也会得到与自己的能力和经验相称的工作岗位，证明我们自己的价值，渐渐被委以重任和更多的工作。将每一天都看成是学习的机会，这会令你在公司和团体中更有价值。一旦有了晋升的机会，老板也会第一个就想到你。任何人都是这样一步一个脚印地走向成功彼岸的。

很多人都会羡慕伟人功成名就，可是大家却忽略了伟人背后的故事，像爱迪生从小的时候就很注意在小的事情上培养自己的兴趣，从自己动手做一个小小的衣架，摆弄一个不起眼的玩具，这些都给了他很大的启迪，为自己将来成就事业奠定了良好的做事风范。当他发明电灯的时候，如果不是从每一个细小的金属丝开始，一步一步地来做实验，他就不可能成功。

小小的电灯可以看出一个人的做事态度。不要羡慕别人，每一个人都是最佳的主角。培养自己细心做事的态度，做好小事，才会成就一番大事。

早期人们用手工制衣的时候，缝衣针的针孔是圆形的，上了年纪的老人用这样的缝衣针非常不方便，引线的时候由于视力的下降常常很难一下子就将线穿过针孔。

为此，一个技师非常想找出一个更好的方法来解决这个问题，他把针线拿过来反复地琢磨，实验了很多方法，最后他觉得把缝衣针的圆形针孔改成长条形，更容易把线穿过去。

因为针眼是一长条孔，你眼力再不济，拿线头往针眼上下一扫，总能对上。从圆孔到长条形针孔，就这么一点小改动，穿针难的老问题就解决了。

他立即向工厂的领导提出了改进缝衣针的想法，领导对这个问题十分重视。欣然同意他的改进意见后，很快这一全新的缝衣针推出了，得到了广泛的赞誉，更重要的是得到更多的市场。这种缝衣针还彻底代替了以前的圆孔缝衣针，大大提高了手工制衣人的制衣效率。

其实不论做什么事情，加工一件产品还是做一件日常生活中的小事，实际上都是由一些细节组成的。综观世界上伟大的成功者，他们之所以能取得杰出的成就，往往主要是始终把细节的东西贯穿于其整个奋斗过程中。瓦特注意到了蒸汽把烧水的壶盖儿掀起的那一细节就给了他无限的灵感，牛顿注意了苹果落地的细节，就引发了万有引力的设想。可见，细节虽小，影响却是巨大的。

一个乐于从细微小事做起的人，有希望创造惊人的奇迹。一个不经意的发现就有可能决定一个人的命运。一项小小的改进就能让一个企业扭转局势、起死回生。在市场竞争日益激烈的今天，任何细微的东西都可能成为"成大事"的决定性因素。

科尔是法国大银行家，他之所以能在法国银行界平步青云，与他细心认真的态度是分不开的。人们从他的传奇经历中体味到了一个银行家所特有的精神品质。

最初，科尔去当地一家最好的银行求职。但等待他的却是接二连三的碰壁。可是科尔要在银行谋职的决心一点也没受到影响。他仍然一如既往地到银行去求职。一天，科尔再一次来到那家最好的银行，有了前几次碰壁的经验，这次他竟然直截了当地找到了董事长，开门见山就说，希望董事长能雇用他。然而，董事长当场就拒绝了他。当科尔失魂落魄地走出银行时，看见银行大门前的地面上有一根大头针。他弯腰把大头针捡了起来，以免伤人。第二天，科尔又准备出门求职。就在他关门的那一刻，忽然看见信箱里有一封信，拆开一看，科尔欣喜若狂，他手里的那张纸竟然是那家大银行的录用通知书。他有些不敢相信，甚至怀疑是在做梦。

原来，就在昨天科尔蹲下身子捡起大头针的时候，被董事长看到了。董事长认为如此认真细心的人很适合当银行职员。所以，当时就改变主意决定录用他。

一件小事成就了科尔，注重小事的效果由此而可见一斑。

比尔·盖茨说："你不要认为为了一分钱与别人讨价还价是一件丑事，也不要认为小商小贩没什么出息。金钱需要一分一厘积攒，而人生经验也需要一点一滴积累。在你成为富翁的那一天，你已成了一位人生经验十分丰富的人。"

恐怕现在的年轻人都不愿听"先做小事赚小钱"这句话，因为他们大都雄心万丈，一踏入社会就想做大事，赚大钱。

当然，"做大事，赚大钱"的志向并没什么错，有了这个志向，你就可以不断向前奋进。但说老实话，社会上真能"做大事，赚大钱"的人并不多，更别说一踏入社会就想"做大事，赚大钱"了。

事实上，很多成大事、赚大钱者并不是一走上社会就取得如此业绩，很多大企业家就是从伙计当起，很多政治家是从小职员当起，很多将军是从小兵当起，人们很少见到一走上社会就真正"做大事，赚大钱"的人！所以，当你的条件普通，又没有良好的家庭背景时，那么"先做小事，先赚小钱"绝对没错！你绝不能拿机遇赌博，因为"机遇"是看不到，难以预测的！

那么"先做小事，先赚小钱"有什么好处呢？

"先做小事，先赚小钱"最大的好处是可以在低风险的情况之下积累工作经验，同时也可以借此了解自己的能力。当你做小事得心应手时，就可以做大一点的事。赚小钱既然没问题，那么赚大钱就不会太难，何况小钱赚久了，也可累积成"大钱"。

伟大的事业是由无数个微不足道的小事情积累而成的，小事情干不好，大事情也不会做成功。做任何事，不论大事小事，不论轻重缓急，都要一步一个脚印，力求把每一件事情做好，善始善终，不要心高气傲，不能急功近利，罗马不是一天建成的。而且，追求经济利益的同时也应该兼顾社会效益，最终成就自己做大事的雄心。

一个市 500 多万户家庭，如果每户每天都能节约 1 度电，全市每天就将减少电量 500 多万度，同时减少煤炭消耗量 1635 吨，减排二氧化硫 150 吨，减排二氧化碳 4985 吨以上。

俗话说得好，"一口吃不成个胖子"，成功是源于每一个细节，积跬步致千里，汇细流入大海。现实生活中，还有许多像我们一样雄心勃勃、想成就一番事业的朋友，不屑于从小处做起，眼高手低，最终一事无成。更有甚者，忽视生活和工作中的细节，几乎酿成大错。从脚下开始，从现在开始，少一点空谈，多一点实干吧！

做事如此，创富依然如此，不是一朝一夕就能收到显著成效的，需要我们为之长期努力奋斗。如果只是贪婪地梦想一夜暴富，结果肯定适得其反。无论投资还是做生意，都不能急功近利，任何事都要慢慢来，不要心急，步步为营，才能稳扎稳打。不积跬步，无以至千里，不积小钱，无以成富翁。

以小钱赚大钱

"四两拨千斤"，以小钱赚大钱是富人致富的拿手好戏。人生在世，并非每一个人都有一个有钱的"富爸爸"，大多数成功者在开始时也很贫穷，但他们不会永远贫穷。他们会穷尽自己的智慧，力争摆脱贫穷的现状。以小钱赚大钱的赚钱方法，是他们常用的致富手段。

美国加利福尼亚州萨克拉门多有一个叫安德森的青年，做家庭用品通信销售。首先，他在一流的妇女杂志刊载他的"1美元商品"广告，所登的厂商都是有名的大厂商，出售的产品都是实用的，其中大约20%的商品进货价格超出1美元，60%的进货价格刚好是1美元。所以杂志一刊登出来，订购单就像雪片般多得使他喘不过气来。

他并没什么资金，这种方法也不需要资金，客户汇款来，就用收来的钱去买货就行了。

当然汇款越多，他的亏损便越多，但他并不是一个傻瓜，寄商品给顾客时，再附带寄去20种3美元以上100美元以下的商品目录和商品图解说明，再附一张空白汇款单。

这样虽然卖一美元商品有些亏损，但是他是以小金额的商品亏损买大量顾客的"安全感"和"信用"。顾客就不会在疑惧的心理之下向他买较昂贵的东西了。如此昂贵的商品不仅可以弥补1美元商品的亏损，而且可以获取很大的利润。

就这样，他的生意就像滚雪球一样越做越大，1年之后，他设立了一家通信销售公司。再过3年后，他雇用50多个员工，1974年的销售额多达5000万美元。

他的这种以小鱼钓大鱼的办法，有着惊人的效力。起初他一无所有，可是自从开始做吃小亏赚大钱的生意，不出几年，就建立起他的通信销售公司。当时他不过是一个29岁的小伙子而已。

富有商人的成功并不是起点很高，并不是一开始就想着要做大生意，赚大钱。他懂得，凡事要从小钱入手，一步一步进行，财富的雪球才会越滚越大。

凡事从小做起，从零开始，慢慢进行，不要小看那些不起眼的事物。这一道理从古至今永不失效，被许多成功人士演绎了无数次。

有个叫哈罗德的青年，开始只是一个经营一家小型餐饮店的商人。他看到麦当劳里面每天人潮如水涌的场面，就感叹那里面所隐藏的巨大的商业利润。

他想，如果自己可以代理经营麦当劳，那利润一定是极可观的。

他马上行动，找到麦当劳总部的负责人，说明自己想代理麦当劳的意图。但是负责人的话却给哈罗德出了一个难题——麦当劳的代理需要200万美元的资金才可以。而哈罗德并没有足够的金钱去代理，而且相差甚远。

哈罗德并没有因此而放弃，他决定每个月都给自己存1000美元。于是每到月初的1号，他都把自己赚取的钱存入银行。为了害怕自己花掉手里的钱，他总是先把1000美元存入银行，再考虑自己的经营费用和日常生活的开销。无论发生什么样的事情，都一直坚持这样做。

哈罗德为了自己当初的计划，整整坚持不懈存了6年。由于他总是在同一个时间——每个月的1号去存钱，连银行里面的服务小姐都认识了他，并为他的坚韧所感动！

现在的哈罗德手中有了7.2万美元，是他长期努力的结果。但是与200万美元来讲仍然是远远不够的。

麦当劳负责人知道了这些，终于被哈罗德的不懈精神感动了，当即决定把麦当劳的代理权全部交给哈罗德。

就这样，哈罗德开始迈向成功之路，而且在以后的日子里不断向新的领域发展，成为一代巨富。

如果哈罗德没有坚持每个月为自己存入 1000 美元，就不会有 7.2 万美元了。如果当初只想着自己手中的钱太微不足道，不足以成就大事业，那么他永远只能是一个默默无闻的小商人。为了让自己心中的种子发芽，哈罗德从 1000 美元开始慢慢充实自己的口袋，而且长达 6 年之久，终于感动了负责人，也开始了他自己的富裕人生。万丈高楼平地起。你不要认为为了一分钱与别人讨价还价是一件丑事，也不要认为小商小贩没什么出息。金钱需要一分一厘地积攒，这些小钱以后就可以成为赚取大钱的资本。

在市场竞争中，没有大钱的普通人想挣钱难免受到各种因素的制约，常常是欲速则不达，心急吃不了热豆腐。因而，有些胸怀大略的投资者，为了实现其目的，以迂为直、以小鱼钓大鱼，这是他们惯用的策略。

不论是谁，赚钱的道路总是坎坷曲折的，在市场竞争中，有些企业经营者由于受资金、设备、人才、技术等客观条件的限制，目的不可能一下子就达到。安德森的例子就告诉了我们，没本钱没关系，可以先用别人的钱建立起信誉，大获成功。这就说明，任何想挣钱的人欲沿着笔直的路线达到自己认定的目标都是不现实的，世界上也不存在一帆风顺地一步达到辉煌顶点、一口吃成个大胖子的先例。赚钱如同做人，其道路直中有曲，曲中有直，欲走直径，但往往走入了绝境，而艰苦探索出来的道路，有时却能比直径更能率先到达终点。这也说明谋求创富，确实需要在市场实战中采用迂回战术，寻找战机，以迂求直，迂回发展。

第七章

建立财富管道：
拥有源源不断的收入来源

把追求财富当作事业

大多数人对待任何事情都抱着做事情的态度，做完就行，其余不管；而成功者呢，无论做什么工作、处于什么样的岗位，他都会以做事业的态度认真对待。事情和事业，虽只有一字之差，境界却有天壤之别。

如果有人投资让你去开一个杂货店，你会怎么想？

从做事情的角度考虑，开杂货店用不着风吹日晒雨淋，除了进货，大部分时间都是坐着，可以闲聊，可以看报，可以织毛衣，不可谓不轻松。钱呢，也有得赚，进价6角的，卖价1元，七零八碎地1个月下来，衣食至少无忧。干吗不做？

但换一个角度想，开了杂货店，你就开不成百货店、饮食店、书店、鞋店、时装店，总之，做一件事的代价就是失去了做别的事的机会。人生几十年，如果不想在一个10平方米的杂货店内耗掉，你就得想到底做什么更有前途。从事业的角度，你要考虑的就不是轻松，也不是1个月的收入，而是它未来发展的潜力和空间到底有多大。

杂货店不是不可以开，而是看你以怎样的态度去开。如果把它当作一件事情来做，它就只是一件事情，做完就脱手。如果是一项事业，你就会设计它的未来，把每天的每一步都当作一个连续的过程。

作为事业的杂货店，它的外延是在不断扩展的，它的性质也在变。如果别的店只有两种酱油，而你的店却有 10 种，你不仅买一赠一，还送货上门，免费鉴定，传授知识，让人了解什么是化学酱油，什么是酿造酱油，你就为你的店赋予了特色。你的口碑越来越好，渐渐就会有人舍近求远，穿过整个街区来你的店里买酱油。当你终于舍得拿出钱去注册商标，你的店就有了品牌，有了无形资产。如果你的规模扩大，你想到增加店面，或者用连锁的方式，或者采取特许加盟，你的店又有了概念，有了进一步运作的基础。

这就是事情和事业的区别。

有一位哲人说过：如果一个人能够把本职工作当成事业来做，那么他就成功了一半。然而，不幸的是，对今天的一些人来说，工作却并不等于事业。在他们眼里，找工作、谋职业不过是为了糊口、混日子而已。

1974 年，麦当劳的创始人雷·克罗克，被邀请去奥斯汀为得克萨斯州立大学的工商管理硕士班做讲演。在一场激动人心的讲演之后，学生们问克罗克是否愿意去他们常去的地方一起喝杯啤酒，克罗克高兴地接受了邀请。

当这群人都拿到啤酒之后，克罗克问："谁能告诉我我是做什么的？"当时每个人都笑了，大多数 MBA 学生都认为克罗克是在开玩笑。见没人回答他的问题，于是克罗克又问："你们认为我能做什么呢？"学生们又一次笑了，最后一个大胆的学生叫道："克罗克，所有人都知道你是做汉堡包的。"

克罗克哈哈地笑了："我料到你们会这么说。"他停止笑声并很快地说："女士们、先生们，其实我不做汉堡包业务，我真正的生意是房地产。"

接着克罗克花了很长时间来解释他的话。克罗克的远期商业计划中，基本业务将是出售麦当劳的各个分店给各个合伙人，他一向很重视每个分店的地理位置，因为他知道房产和位置将是每个分店获得成功的最重要的因素，而同时，当克罗克实施他的计划时，那些买下分店的人也将付钱从麦当劳集团手中买下分店的地。

麦当劳今天已是世界上著名的房地产商了，它拥有的房地产甚至超过了天主教会。今天，麦当劳已经拥有美国以及世界其他地方的一些最值钱的街角和十字路口的黄金地段。

克罗克之所以成功，就在于他的目标是建立自己的事业，而不仅仅是卖几个汉堡包赚钱。克罗克对职业和事业之间的区别很清楚，他的职业总是不变的：是个商人。他卖过牛奶搅拌器，以后又转为卖汉堡包，而他的事业则是积累能产生收入的地产。

追求财富应该成为一个事业而不是为单纯的享受。在亿万富翁的成功因素中，把追求财富当作一种事业是其中极其重要的一项。如果你把追求财富当作一种事业，就会站在一个更高的角度来看待它，因而也就更容易在生意场上取得成功，因为你已经获得了超越、获得了幸福。从对许多经济成功人士的采访看，赚钱使他们感到快乐，不在于自己的金钱增加了多少，而在于自己通过赚到的钱，证明了自己行，这种满足感才真正是快乐的源泉。这种满足感使自己在赚钱的时候感觉自己是在从事一种事业，从而极大地激发自己的创造性和幸福感。

张明高中毕业后随哥哥到南方打工。

他和哥哥在码头的一个仓库给人家缝补篷布。张明很能干，做的活儿也精细，他看到别人丢弃的线头碎布也会随手拾起来，留作备用，好像这个公司是他自己开的一样。

一天夜里，暴风雨骤起，张明从床上爬起来，拿起手电筒就冲到大雨中。哥哥劝不住他，骂他是个傻蛋。

在露天仓库里，张明察看了一个又一个货堆，加固被掀起的篷布。这时候老板正好开车过来，只见张明已经成了一个水人儿。

当老板看到货物完好无损时，当场表示给他加薪。张明说："不用了，我只是看看我缝补的篷布结不结实。再说，我就住在仓库旁，顺便看看货物只不过是举手之劳。"

老板见他如此诚实，如此有责任心，就让他到自己的另一个公司当经理。

公司刚开张，需要招聘几个文化程度高的大学毕业生当业务员。张明的哥哥跑来，说："给我弄个好差使干干。"张明深知哥哥的个性，就说："你不行。"哥哥说："看大门也不行吗？"张明说："不行，因为你不会把活当成自己家的事干。"哥哥说他："真傻，这又不是你自己的公司！"临走时，哥哥说张明没良心，不料张明却说："只有把公司当成是自己开的，才能把事情干好，才算有良心。"

几年后，张明成了一家公司的总裁，他哥哥却还在码头上替人缝补篷布。这就是带着事业心做事与糊弄工作者之间的区别。

英特尔总裁安迪·格鲁夫应邀对加州大学的伯克利分校毕业

生发表演讲的时候，曾提出这样一个建议：

"不管你在哪里工作，都别把自己当成员工，应该把公司看作自己开的一样。你的职业生涯除你自己之外，全天下没有人可以掌控，这是你自己的事业。"

从某种意义上来说，做事情的人就是在为钱而工作，而做事业的人却让钱为自己而工作。

为钱工作和让钱为你工作是两种不同的观念，它们产生出两种不同的结果。工作不是我们的目的，钱也不是，它们只是达到最终目的的手段或工具而已。所以，不能为工作而工作，更不能为钱而工作。在工作中不断学习，让钱为你工作是赢家的一个重要秘诀。事实胜于雄辩，让我们来看看成功者的例子吧。

美国百万富翁罗·道密尔，是一个在美国工艺品和玩具业富有传奇性的人物。道密尔初到美国时，身上只有 5 美元。他住在纽约的犹太人居住区，生活拮据。然而，他对生活、对未来充满了信心。18 个月内，他换了 15 份工作。他认为，那些工作除了能果腹外，都不能展示他的能力，也学不到有用的新东西。在那段动荡不安的岁月里，他经常忍饥挨饿，但始终没有失去放弃那些不适合他的工作的勇气。

一次，道密尔到一家生产日用品的工厂应聘。当时该厂只缺搬运工，而搬运工的工资是最低的。老板对道密尔没抱希望，可道密尔却答应了。

之后，每天他都七点半上班，当老板开门时，道密尔已站在门外等他。他帮老板开门，并帮他做一些每天例行的零碎工作。晚上，他一直工作到工厂关门时才离开。他不多说话，只是埋头工作，除了本身应做的以外，凡是他看到的需要做的工作，总是顺手把它做好，就好像工厂是他自己开的。

这样，道密尔不但靠勤劳工作，比别人多付出努力学到了很多有用的东西，而且赢得了老板的绝对信任。最后，老板决定将这个生意交给道密尔打理。道密尔的周薪由30美元一下子加到了175美元，几乎是原来的6倍。可是这样的高薪并没有把道密尔留住，因为他知道这不是他的最终目标，他不想为钱工作一生。

半年后，他递交了辞呈，老板十分诧异，并百般挽留。但道密尔有他自己的想法，他按着自己的计划矢志不渝地向着最终目标前进。他做基层推销员，他想借此多了解一下美国，想借推销所遇到的形形色色的顾客，来揣摩顾客的心理变化，磨炼自己做生意的技巧。

两年后，道密尔建立了一个庞大的推销网。在他即将进入收获期，每月将会有2800美元以上的收入，成为当地收入最高的推销员时，他又出人意料地将这些辛辛苦苦开创的事业卖掉，去收购了一个面临倒闭的工艺品制造厂。

从此，凭着在以前的工作中学到的知识和积累的经验，在道密尔的领导下，公司改进了每一项程序，对很多存在的缺点进行了一系列调整，人员结构、过去的定价方式都做了相应的变化。一年后，工厂起死回生，获得了惊人的利润。5年后，道密尔在工艺品市场上获得了极大的成功。

如果是一个纯粹为做事而工作的人，他绝不会放弃日用品和推销员的职位的，正是一颗想要做事业的心，成就了道密尔。

一位著名的企业家说过这样一句话：我的员工中最可悲也是

最可怜的一种人，就是那些只想获得薪水，而其他一无所知的人。

同一件事，对于工作等于事业者来说，意味着执着追求、力求完美。而对于工作不等于事业者而言，意味着出于无奈不得已而为之。

当今社会，轰轰烈烈干大事、创大业者不乏其人，而能把普通工作当事业来干的人却是凤毛麟角。因为干事创业的人需要有较高的思想觉悟、高度的敬业精神和强烈的工作责任心。

工作就是生活，工作就是事业。改造自己、修炼自己，坚守痛苦才能凤凰涅槃。这应当是我们永远持有的人生观和价值观。丢掉了这个，也就丢掉了灵魂；坚守了这个，就会觉得一切都是美丽的，一切都是那么自然。这样一想，工作就会投入，投入就会使人认真。同样，工作就会有激情，而激情将会使人活跃。

有一句话说得好："今天的成就是昨天的积累，明天的成功则有赖于今天的努力。"把工作和自己的职业生涯联系起来，对自己未来的事业负责，你会容忍工作中的压力和单调，觉得自己所从事的是一份有价值、有意义的工作，并且从中可以感受到使命感和成就感。

在一些人眼里，职业仅是谋生的手段。他们身在其中，却无法认识到其价值，只是迫于生活的压力而劳动。他们轻视自己所从事的工作，自然无法投入全部身心。有许多人认为自己所从事的工作低人一等，在工作中敷衍塞责、得过且过，而将大部分心思用在如何摆脱现在的工作环境上了。这样的人在任何地方都不会有所成就。

成功者从不在乎职业的高低贵贱，在他们眼里，任何一种职业都不仅是谋生的手段，而是一种与他们的人生命运紧密相连的事业，所以热情高涨，坚持不懈。

在他们看来，所有职业的运作本质都一样，那些看起来雅致至极的工作，背后经营的手法都差不多。

做事业是会带来丰厚回报的，而做事情是会耗费大量时间和精力的，事情做得越多，越成就不了大事业。

做事业和做事情，差之毫厘，谬以千里。

任何事都可以做的，就看你怎样去做，是把它当一件事情，还是当一项事业来做。其实，每个人都应该有自己的创富计划，有自己的梦想追求，只有这样才能更好地实现自己的计划和梦想。

我们身边就不乏这样的人，他们几乎每年都换一个工作，甚至一年换几个工作。只要每次换工作的收入比现在的公司更高，就会欣然前往。虽然忙忙碌碌这么多年，虽然赚了些小钱，有了点积蓄，生活得到了些改善，可是却一事无成，离脱贫致富的目标还是有很大的距离。

经济上的窘迫会促使人们做出急功近利的现实主义抉择。但一个想有所成就的人一定要在心中弄清楚：自己适合做什么，哪个领域哪个岗位才是自己终生事业所在。弄明白这个问题之后，我们就应该选准一行坚定不移地做下去。也许在开始的时候或某些阶段，经济上的收益并不令人满意，但只要是兴趣所在，这一行真的适合自己，就应该不为眼前利益所动，咬牙坚持下去。

你今天所做的一切，都会成为明天成功的基础，你也会步入一条可持续发展的轨道。如此这般，日积月累，成功是必然的。它可能早一天来，也可能晚一个月到，但无论迟早，它肯定要来。

做事情也许只是解决燃眉之急的一个短期行为，而做事业则是一个终生的追求。

找平台去赚钱

平台是一个人赖以施展自己才能的地方，如果没有平台，再有思想的人，也只能望洋兴叹，感叹"英雄无用武之地"。因此，成功的人总会为自己建立起一个赚钱的平台。

人不满足于自己的处境，往往不是因为一日三餐吃不饱，而是不甘心于被人支配，想拥有更多的地盘、更多的资源，也想有更多的支配权。

人类社会中拥有在一定范围内的支配权的人，就像狼的头领，地盘越大，支配权越大，生命就越成功。

这也就是为什么有人宁做鸡头不做凤尾。一只鸡虽渺小，但是作为一个独立的个体，鸡头可以决定一只鸡的生活方式。而凤尾不过是高级附庸，只占据配角位置，受制于凤头，服务于全体，作用并非举足轻重。

有一个人一直想成功，为此，他做过种种尝试，但都以失败告终。为此，他非常苦恼，于是就跑去问他的父亲。他父亲是个老船员，虽然没有多少文化，但却一直关注着儿子。他没有正面回答儿子的问题，而是意味深长地对他说："很早以前，我的老船长对我说过这样一句话，希望能对你有所帮助。老船长告诉我：要想有船来，就必须修建属于自己的码头。"

人生就是这样有趣。做人如果能够抛弃浮躁，锤炼自己，让自己发光，就不怕没有人发现。与其四处找船坐，不如自己修一座码头，到时候何愁没有船来停泊。

人这一生，身份、地位并不会影响你所修建的码头的质量。恰恰相反，你所修建的码头的质量反而会影响到你这里停靠的船只。你所修建的码头的质量越高，到这里停靠的船只就会越好，而且你修建的码头越大，停靠的船只也就会越多。

所以，一定要努力为自己修建一座高质量码头，要让别人为你挣钱。

否则，靠自己一双手，你就是累死也只能糊口。

要想在生意场上出人头地，唯一的办法，就是把碗做大。要不要把碗做大，是个战略问题；如何才能把碗做大，则是个战术问题。

人人都想让别人为自己赚钱，可是别人凭什么为你赚钱呢？人都不是傻子，他帮你做事，必定是有求于你。所以你得对别人有用。

不付出就不要想得到，你只知道自己挣钱，挣了钱就揣在兜里，生怕掏一分钱出来，你这一辈子就只是个打工的命。

法国商人帕克从哥哥那里借钱开办了一间小药厂。他亲自在厂里组织生产和销售工作，从早到晚每天工作 18 个小时，然后把工厂赚到的钱积蓄下来扩大再生产。几年后，他的药厂已经极具规模，每年有几十万美元的盈利。

经过市场调查和分析研究后，帕克觉得当时药物市场发展前景不大，又了解到食品市场前途光明，因为世界上有几十亿人口，每天要消耗大量的各式各样的食物。

经过深思熟虑后，他毅然出让了自己的药厂，再向银行贷了一些钱，买下了一家食品公司的控股权。

这家公司是专门制造糖果、饼干及各种零食的，同时经营烟草，它的规模不大，但经营品种丰富。

帕克掌控该公司后，在经营管理和行销策略上进行了一番改革。他首先将生产产品规格和式样进行扩展延伸，如把糖果延伸到巧克力、口香糖等多个品种；饼干除了增加品种，细分儿童、成人、老人饼干外，还向蛋糕、蛋卷等发展。接着，帕克在市场领域大做文章，他除了在法国巴黎经营外，还在其他城市设分店，后来还在欧洲众多国家开设分店，形成广阔的连锁销售网。随着业务的增多，资金变得更加雄厚，帕克又随机应变，把周边国家的一些食品公司收购，使其形成大集团。如果没有借钱开办的那个小药厂，帕克也许还只是个穷人。创建自己的平台，才能施展才华，走向成功。

这是一个知识经济的时代，赚钱，靠的是智力。

如果你想以最小的投资风险换取最大的回报，就得付出代价，包括大量的学习，如学习商业基础知识等。此外，要成为成功的投资者，你得首先成为一个好的企业主，或者学会以企业主的方式进行思考。在股市中，投资者都希望在兴旺发达的企业里入股。

如果你具备企业家的素质，就可以创建自己的企业，或者像成功者一样，能够分析其他企业的情况。但问题在于，学校把多数人培养成了雇员或自由职业者，但他们不具备企业家的素质和能力。正因为如此，非常富有的投资者屈指可数。

成功人士中约有 80% 的人都是通过创建公司，把公司当作平台而起家的。

致富的要诀就是不要绞尽脑汁去生产最好的产品，而是要集中精力去重视创办一家公司，以便你能在其中学会怎样成为一位卓越的企业家。

建立起一个平台，然后在这个平台上施展自己的才华，你很快就能成为亿万富翁。

善于掌握商机

在这个变化快速、财富充沛的时代，每个人都渴望发财致富，借以提高自己的生活水准或达到人生的目标。在这攸关未来财富地位的时代里，很多人由于观念落后、知识贫乏、缺少人脉等原因，难以发现把握商机，而成功者则能把握财富增长的轨迹，沿着财富增长的路走下去，最终在追逐财富的过程中赢得胜利。

现实中就有一则关于财富增长的经典故事：

对于李嘉诚这个名字，人们都不会陌生，但对于他经营财富的过程，可能不是很清楚。李嘉诚童年过着艰苦的生活。在他 14 岁那年（1940 年），正逢中国战乱，他随父母逃往香港，投靠家境富裕的舅父庄静庵，但不幸的是不久父亲因病去世。

身为长子的李嘉诚，为了养家糊口同时又不依赖别人，决定辍学，他先在一家钟表公司打工，之后又到一塑胶厂当推销员。由于勤奋上进，业绩彪炳，只两年时间便被老板赏识，升为总经理，那时，他只有 18 岁。

1950 年夏天，李嘉诚立志创业，向亲友借了 5 万港元，加上自己的全部积蓄 7000 元，在筲箕湾租了厂房，正式创办"长江塑胶厂"。

有一天，他翻阅英文版《塑胶》杂志，看到一则不太引人注意的小消息，说意大利某家塑胶公司设计出一种塑胶花，即将投放欧美市场。李嘉诚立刻意识到，战后经济复苏时期，人们对物质生活将有更高的要求，而塑胶花价格低廉，美观大方，正合时宜，于是决意投产。他的塑胶花产品很快打入东南亚市场。同年年底，随着欧美市场对塑胶花的需求愈来愈大，"长江塑胶厂"的订单以倍数增长。到 1964 年的时候，前后 7 年时间，李嘉诚已赚得数千万港元的利润；而"长江塑胶厂"更成为世界上最大塑胶花生产商，李嘉诚也赢得了"塑胶花大王"的美誉。不过，李嘉诚预料塑胶花生意不会永远看好，他更相信物极必反。于是急流勇退，转投生产塑胶玩具。果然，两年后塑胶花产品严重滞销，而此时"长江"却已在国际玩具市场大显身手，年产出口额达1000 万美元，为香港塑胶玩具出口业之冠。

随着财富增长，20 世纪 70 年代初，李嘉诚拥有楼宇面积共630 万平方英尺，1990 年后，李嘉诚又开始在英国发展电讯业，组建了 Orange 电讯公司，并在英国上市，总投资 84 亿港元。到2000 年 4 月，他把持有的 Orange 四成多股份出售给德国电讯集团，作价 1130 亿港元，创下香港有史以来获利最高的交易纪录。Orange 是 1996 年在英国上市的，换言之，李嘉诚用了短短 3 年时间，便获利逾 1000 亿港元，使他的资产暴升一倍。进入 2000 年，李嘉诚更以个人资产126亿美元（即983亿港元），两度登上世界10大富豪排行榜，也是第一位连续两年榜上有名的华人。在这期间李嘉诚多次荣获世界各地颁发的杰出企业家奖，还5度获得国际著名大学颁授的荣誉博士学位。

经过20多年的"开疆辟土"，李嘉诚已拥有4家蓝筹股公司，市值高达7810亿港元，包括长江实业、和记黄埔、香港电灯及长江基建，占恒生指数两成比重。集团旗下员工超过3.1万名，是香港第4大雇主。1999年的集团盈利高达1173亿港元。

从这个故事中，我们清楚地看到，财富的增长，很大程度上取决于敢于冒险，不断地进行投资，同时也要把握住不同的机遇。

不少人将成功者致富的原因，直接归因于他们生来富有。他们创业成功，他们比别人聪明，他们比别人努力或是他们比别人幸运。但是，家世、聪明、努力与运气并不能解释所有致富的原因。我们都熟悉自己生活中的不少成功者，他们并非出生在富人家，也不是什么幸运人，也不显得很聪明，并且也不是都受过什么高等教育，如温州人本来很穷，但他们通过做生意很快地致富了，成为了中国的"犹太人"。他们靠的是什么？靠的是他们能把握财富增长的轨迹，不断地寻求商机。

如何有效地利用每一分钟？如何及时地把握每一次投资的机会？如何改善一个人或家庭的财务状况，与我们的致富目标还相差多远呢？其实你不需要是个高收入者，不需要是高学历者，不需要具备专门的知识与高超技术，不需要靠运气，你所需要的只是正确把握财富规律的思维习惯。

财富就像一颗种子，你越快播下种子，越认真培育小树苗，它就会越快让"钱"树长大，你就越快能在树荫下乘凉，越快采摘到丰硕的果实。

懂得借钱生钱之道

任何人的富有都不是天生的，亿万富翁起初也是贫穷者。但他们善于借用资源，借钱生钱，最终走向富裕，是他们共有的特征之一。

"如果你能给我指出一位亿万富翁，我就可以给你指出一位大贷款者。"威廉·立格逊在他的一本书中这样写道。

著名的希尔顿饭店的创始人希尔顿从一文不名到成为身价57亿美元的富翁，只用了17年的时间，他发财的秘诀就是借用资源经营。他借到资源后不断地让资源变成了新的资源，最后成为了全部资源的主人——一名亿万富翁。

希尔顿年轻的时候特别想发财，可是一直没有机会。一天，他正在街上转悠，突然发现整个繁华的优林斯商业区居然只有一个饭店。他就想：我如果在这里建立一个高档次的旅店，生意准会兴隆。于是，他认真研究了一番，觉得位于达拉斯商业区大街拐角地段的一块土地最适合建旅店。他调查清楚了这块土地的所有者是一个叫老德米克的房地产商人之后，就去找他。老德米克也开了个价，如果想买这块地皮希尔顿就要掏30万美元。希尔顿不置可否，却请来了建筑设计师和房地产评估师给"他的旅馆"进行测算。其实，这不过是希尔顿假想的一个旅馆，他问按他设想的那个旅店需要多少钱，建筑师告诉他起码需要 100 万美元。

希尔顿只有 5000 美元，但是他成功地用这些钱买下了一个旅馆，并不停地使其升值，不久他就有了 5 万美元，然后找到了一个朋友，请他一起出资，两人凑了 10 万美元，开始建设这个旅馆。当然这点钱还不够购买地皮的，离他设想的那个旅馆还相差很远。许多人觉得希尔顿这个想法是痴人说梦。

希尔顿再次找到老德米克签订了买卖土地的协议，土地出让费为 30 万美元。

然而就在老德米克等着希尔顿如期付款的时候，希尔顿却对土地所有者老德米克说："我想买你的土地，是想建造一个大型旅店，而我的钱只够建造一般的旅馆，所以我现在不想买你的地，只想租借你的地。"老德米克有点发火，不愿意和希尔顿合作了。希尔顿非常认真地说："如果我可以只租借你的土地的话，我的租期为 90 年，分期付款，每年的租金为 3 万美元，你可以保留土地所有权，如果我不能按期付款，那么就请你收回你的土地和在这块土地上我建造的饭店。"

老德米克一听，转怒为喜："世界上还有这样的好事？ 30 万美元的土地出让费没有了，却换来 270 万美元的未来收益和自己土地的所有权，还有可能包括土地上的饭店。"于是，这笔交易就谈成了，希尔顿第一年只需支付给老德米克 3 万美元就可以，而不用一次性支付昂贵的 30 万美元。就是说，希尔顿只用了 3 万美元就拿到了应该用 30 万美元才能拿到的土地使用权。这样希尔顿省下了 27 万美元，但是这与建造旅店需要的 100 万美元相比，差距还是很大。

于是，希尔顿又找到老德米克，对他说道："我想以土地作为抵押去贷款，希望你能同意。"老德米克非常生气，可是又没有办法。

就这样，希尔顿拥有了土地使用权，于是从银行顺利地获得了 30 万美元贷款，加上他已经支付给老德米克的 3 万美元后剩下的 7 万美元，他就有了 37 万美元。可是这离 100 万美元还是相差得很远，于是他又找到一个土地开发商，请求他一起开发这个旅馆，这个开发商给了他 20 万美元，这样他的资金就达到了 57 万美元。

1924 年 5 月，希尔顿旅店在资金缺口已不太大的情况下开工了。但是当旅店建设了一半的时候，他的 57 万美元已经全部用光了，希尔顿又陷入了困境。这时，他还是来找老德米克，如实细说了资金上的困难，希望老德米克能出资，把建了一半的建筑物继续完成。他说："如果旅店一完工，你就可以拥有这个旅店，不过您应该租赁给我经营，我每年付给您的租金最低不少于 10 万美元。"这个时候，老德米克已经被套牢了，如果他不答应，不但希尔顿的钱收不回来，自己的钱也一分回不来了，他只好同意。而且最重要的是自己并不吃亏——建希尔顿饭店，不但饭店是自己的，连土地也是自己的，每年还可以拿到丰厚的租金收入，于是他同意出资继续完成剩下的工程。

1925 年 8 月 4 日，以希尔顿名字命名的"希尔顿旅店"建成开业，希尔顿的人生开始步入辉煌时期。

自己想要捕鱼，但是又没有船，怎么办？最好的办法就是借船出海。如果我们算好时间抓住鱼汛，也许出去一次就能赚回半条船来。也许你觉得借船还要付出租金不划算，你也可以自己造船，但是也许等你造出船来的时候，鱼汛早就过去了。

所以我们每个人千万要记住，赚钱最重要的是机会，是时间。机会放过去了你就永远也抓不回来。我们的过去是不可能重新上演的，我们每一个人不是先知先觉也不可能预知将来，我们能够捕捉到的只有今天。所以，我们绝不能靠吃老本过日子，我们更不能将希望寄托给将来，将来的变化永远超出我们的想象。

我们如果有条件，有机会预支明天的金钱，我们绝不可放过这个机会。这无形中就相当于我们在时间上超越了别人。现在我们的金融政策比过去松动了很多，我们购房可以按揭、求学可以贷款、购买耐用消费品也可以分期付款，所以我们要充分地利用这个机会，用明天的钱来办今天的事。

所以，我们要发展自己、壮大自己，就一定要有广阔的胸襟，要能够容人，要能够容忍他人的资本进入自己的事业中来，这就像滚雪球一样，雪球越大它就滚得越快，它就越容易滚大。所谓他山之石可以攻玉！他人的金钱进入了我们的事业，我们的金钱增长得也会更快；他人的金钱进入了我们的事业，他人的智慧也就进入了我们的事业。博采众人之长，兼收并蓄，我们自己才会不断地长大。

每个人都渴望成功，每个人都希望自己是一个成功者，然而事实上，成功者只是少数，多数人终其一生都过着极普通的生活。

他们渴望掌握"芝麻开门"的咒语，但他们始终没能找到。人的力量始终是有限的，没有成功的人总认为是自己命不好，没生在富贵之家，他们怪父母，怪上帝，却从不怪自己，从没从自身找原因。

对一些没有背景的人来说，其力量是很有限的，在没成功之前更是有限。这个时候，人有必要借助外部的力量来达到目的，促进成功，这就是借鸡下蛋。

借鸡下蛋，会给人节省很多的时间和精力，并且能起到事半功倍的效果。

在人生苦苦奋斗的风雨中，人少不了去"借"，借鸡下蛋只是其一，还有借花献佛和借风使船，这三借在人的成功中，是必不可少的。

借的成功在今天，甚为流行，从而成就了很多人。看看哪一个研究生、博士生不是有一个很好的导师，找课题、立项目，哪一样少得了他们的导师，他们不借助导师的力量能成功吗？

再看看一些成功的企业家，他们在身无分文的情况下，却能成就大事业，靠的是什么？是借的道理。他们有本事向银行贷款，向富人借款，用别人的钱来发展自己。

我们这个社会有很多热心的人、善良的人，如果你是一个有心的人，是一个胸怀大志的人，是一个不屈不挠的人，你终会找到一些出色的人，他们会助你一臂之力。

借与成功有千丝万缕的联系，明白了借的道理，也就离成功不太远了！

踏踏实实，不要急功近利

很多人爱做富翁梦，他们常常梦想有朝一日上帝会赐福他们，天上掉下个金块，让他们一夜致富。要知道，财富的增长与生命的成长一样，均是点点滴滴、日日月月、岁岁年年在复利的作用下形成的，不可能一步登天而快速地成长，这是个自然的定律，上天从不改其自然的法则。

投资理财是个人的长期项目，由理财所创造的财富会超出你的想象，但所需的时间会更长，要在一夜之间成为百万、千万甚至亿万富翁，这是不现实的。因为，投资理财是件"慢工出细活，欲速则不达"的事。强调的是时间，如果对时间没有正确的认识，自然会产生出强烈的急躁的情绪，急躁就会冒很大的危险，原本是可以成功的，也会因急躁而失败。只要耐得住性子，将资产投资在正确的投资标上，复利自然会引领财富的增长。

在我们现实生活中，小孩子都爱看动画片，而大人们则青睐于一夜发财致富的神话。前者喜爱的原因是一个不起眼的小女孩，能够顿时飞上枝头变成凤凰。后者喜欢的原因是一位遭遇平凡的人，能够因为某个机会，立刻赚得大钱，这是多么振奋人心、多么引人入胜、多么令人羡慕！因此，正如拍电影为追求戏剧效果、吸引观众，而必须放弃冗长无聊的细节，将一个白手起家的富人或一家企业的成功，全归功于一两次重大的突破，把一切的成就全归功于少数几次的财运。戏剧的手法就把漫长的财富累积过程完全忽略了。但是电影归电影，现实生活中不可能有那么肤浅而富戏剧性的事情。

很多人总是好高骛远，看不起小钱，总希望能找出制胜的突破口，一鸣惊人，一口吃成一个大胖子，一出击就能有惊天动地的结果产生。但以历史的眼光看问题，绝大多数的成功者，其巨大的财富都是由小钱经过长时间逐步累积起来的，初期大部分人所拥有的本钱都是很少的，甚至微不足道的。一个人想成功致富，就必须首先从心理上摒弃那种"一夜发财致富"的幼稚想法，这才是投资理财的正常、健康的心理状态，只有具备了健康的心理，才可能成功。

有一位白手起家、靠投资股票理财致富的人曾说过："现在已经不同了，股票涨一下就能进账数百万元，赚钱突然间变得很容易了，挡都挡不住；回想 30 年前刚进股市的那段日子，我费了千辛万苦才赚 2 万多元，真不知道那时候的钱都跑到哪里去了。"

这种经历对许多曾历尽千辛万苦的白手起家的人而言并不陌生。所谓万事开头难，初期奋斗，钱自然很难赚，等到成功之后，财源滚滚时，又不知道为什么赚钱变得那么容易了，这是一种奇怪的对比现象。

每个人都渴望有轻轻松松地赚第二个 100 万、1000 万的能耐，达到财源滚滚的境界，问题是要赚第二个 100 万之前要先有第一个 100 万。怎样才能赚到第一个 100 万呢？这是个特别关键的问题。如果你想利用投资理财累积 100 万的话，则需要时间，必须要经历长时间的煎熬，熬得过赚第一个 100 万的艰难岁月，这样才能够享受赚第二个 100 万的轻松愉快。

从复利的公式可以看出，要让复利发挥效果，时间是不可或缺的要素。长期的耐心等待是投资理财的先决条件。尤其理财要想致富，所需的耐心不是等待几个月或几年就可以的，而是至少要等二三十年，甚至四五十年。

对我们每个人来说，理财都是终生的事业。

能有耐心熬得过长期的等待，时间创造财富的能力就愈来愈大，这就是"复利"的特点。然而今天我们身处事事求快的"速食"文化之中，事事强调速度与效率，吃饭上快餐厅，寄信用特快专递，开车上高速公路，学习上速成班，人们也随之变得愈来愈急功近利，没有耐性，在投资理财上也显得急不可耐，想要立竿见影。但是，我们要知道，在其他事情上求快或许能有效果，但投资理财快不得，因为时间是理财必需的条件，愈求快，愈不能达到目的。

根据观察，一般的投资者最容易犯的毛病是"半途而废"。遇上空头时期极易心灰意懒，甚至干脆卖掉股票、房地产，从此远离股市、房地产市场，殊不知缺乏耐心与毅力，是很难有所成就的。

打造个人财务方舟

时代不同了，许多老的规则都要改变。很多人成天考虑的是如何维持生存，至于社会的变革、信息的变化，他们很少留心。当听到"时代不同了，你要改变你的规则"时，他们会抬起头来表示同意，当他们再埋头工作时，仍然走老路子。我们的社会进入信息时代，与农业时代和工业时代不同，财富的代表已不再是土地、工厂，而是集中了智慧力量的各种信息，如知识、创意网络等。成功者的历程也有鲜明的时代特点，创造财富不一定需要"千层商台，起于垒土"式的积累，创造财富的实力并不全看年龄、智商、教育、财力基础，更重要的是要有更新的观念。

1. 资产与负债的区别

如果你想致富，资产和负债的区别这一点你就必须明白，这是第一步规则，了解它可以为我们打下牢固的财务基础知识。这是条规则，听起来似乎太简单了，但很多人不知道这条规则有多么深奥，他们因为不清楚资产与负债之间的区别而苦苦挣扎在财务问题里。

大多数情况下，这个简单的思想没有被大多数人掌握，因为他们有着不同的教育背景，他们被其他受过高等教育的专家，比如银行家、会计师、地产商、财务策划人员等等所教导。难点就在于很难要求这些成年人放弃已有的观念，变得像孩子一样简单。高学识的成年人往往觉得研究这么一个简单的概念太没面子了。

是什么造成了观念的混淆呢？或者说为什么如此简单的道理，却难以掌握呢？为什么有人会买一些其实是负债的资产呢？答案就在于他所受的是什么样的基础教育。

我们通常非常重视"知识"这个词而非"财务知识"。而一般性的知识是不能定义什么是资产、什么是负债的。实际上，如果你真的想被弄昏，就尽管去查查字典中关于"资产"和"负债"的解释吧。其实资产就是能把钱放进你口袋里的东西；负债是把钱从你口袋里取走的东西。

有一对年轻的夫妇，随着收入的增加，他们决定去买一套自己的房子。一旦有了房子，他们就得缴税——财产税，然后他们买了新车、新家具等，和新房子配套。最后，他们突然发觉已身陷抵押贷款和信用卡贷款的债务之中。

他们落入了"老鼠赛跑"的陷阱。不久孩子出生了，他们必须更加努力地工作。这个过程继续循环下去，钱挣得越多，税缴得也越多，他们不得不最大限度地使用信用卡。这时一家贷款公司打电话来，说他们最大的"资产"——房子已经被评估过了，因为他们的信用记录是如此之好，所以公司可提供"账单合并"贷款，即用房屋作抵押而获得的长期贷款，这笔贷款能帮助他们偿付其他信用卡上的高息消费贷款，更妙的是，这种住房抵押贷款的利息是免税的。他们觉得真是太幸运了，马上同意了贷款公司的建议，并用贷款付清了信用卡。他们感觉松了口气，因为从表面上看，他们的负债额降低了，但实际上不过是把消费贷款转到了住房抵押贷款上。他们把负债分散在 30 年中支付了。这真是件聪明事。

过了几天，邻居打电话来约他们去购物，说今天是阵亡将士纪念日，商店正在打折，他们对自己说："我们什么也不买，只是去看看。"但一旦发现了想要的东西，他们还是忍不住又用那刚刚付清了的信用卡付了款。

很多这种年轻夫妇，虽然他们名字不同，但窘境却是如此的相同。他们的支出习惯让他们总想寻求更多的钱。

他们甚至不知道他们真正的问题在于他们选择的支出方式，

这是他们苦苦挣扎的真正原因。而这种无知就在于没有财务知识以及不理解资产和负债间的区别。

再多的钱也不能解决他们的问题，除了改变他们的财务观念和支出方式以外，再没有什么可以救他们的办法了。

正确的做法是不断把工资收入转化成投资。这样流入资产项的钱越多，资产就增加得越快；资产增加得越快，现金流入得就越多。只要把支出控制在资产所能够产生的现金流之下，我们就会变富，就会有越来越多除自身劳动力收入之外的其他收入来源。随着这种再投资过程的不断延续，我们最终走上了致富之路。

2.获得个人的财务自由

人类渴望拥有的是自由，"不自由，毋宁死"。但自由要有钱作为保障，有钱就有更多的自由和保障。如果你有足够的钱，那么你不想去工作或者不能去工作时，你就可以不去工作；如果你没钱，不去工作的想法显得太奢侈。所以你要追求财务自由而非职业保障。

怎样实现个人的财务自由呢？拥有多种收入来源和多次持续性收入，是一个人拥有个人财务自由和时间自由的基础。

过去，一个家庭的收入来源很单一。现在，很多家庭都有两个或两个以上收入来源，如固定工资加房屋出租的租金收入或其他兼职收入。如果没有两个以上的收入来源，很少有家庭能生活得非常安逸。而未来，即使有两个收入来源很可能也不足以维生。所以，你应该想办法让自己拥有多种收入来源。如其中一种出了问题，会有其他收入来源支持。

在未来，人们需要为自己规划一套包含各种不同收入来源的收入组合，即使失去了其中一种收入来源，你也不会感觉到太大的影响，生活总会有保障。

你拥有几种收入来源呢？

假如你想多拥有一种收入来源，你可能会找一份兼职工作。但这并不是真正意义上的多种收入来源。因为你这是在帮别人"卖命"。你应该有属于自己的收入来源。

这个收入来源就是"多次持续性收入"。这是一种循环性的收入，不管你在不在场，有没有进行工作，都会持续不断地为你带来收入。

一般性收入来源可以分为两种：单次收入和多次持续性收入。

有研究表明，并非所有收入来源都是相同的，有些收入来源属于单次收入，有些则属于持续性收入。你只要问一下自己下面这个问题，就可以知道自己的收入来源是属于单次收入，还是多次持续性收入。

"你每个小时的工作能得到几次金钱给付？"如果你的答案是"只有一次"，那么你的收入来源就属于单次收入。

最典型的就是工薪族，工作一天就有一天的收入，不工作就没有。自由职业者也是一样，比如出租车司机，出车就有收入，不出车就没有；演员演出才有收入，不演出就没有；包括很多企业的老板，他们必须亲自工作，否则企业就会跑单，甚至会垮掉，这些都叫单次收入。

多次持续性收入则不然，它是在你经过努力创业，等到事业发展到一定阶段后，即使有一天你什么也不做，仍然可以凭借以前的付出继续获得稳定的经济回报。要想获得多次收入，通常有以下几种：

第一种方式，以一个作家为例，他在写书期间一分钱都赚不到，而是要等书出版后才会有报酬。这前后需要两年的时间，作家才能获得这个收入来源。但是，这种等待是值得的，此后，作家每半年就会收到一张相当优厚的版税支票。这就是持续性收入的威力——持续不断地把钱送入你的口袋。

第二种方式就是银行存款。存款达到一定数额，你不用上班靠利息也能生活。利息属于典型的多次收入，但是银行的利率太低。你想每个月拿到2000元，差不多要有150万元的存款，还要交20%的利息税。

第三种方式是投资理财。就是通过购买股票、基金、房地产等项目使你的财富升值。但这首先需要你有一笔很大的资金，而且还需要非常专业的机构帮你运作，才能确保你的投入产生稳定的经济回报。这种方式在国内还不够成熟，风险比较大。

第四种就是特许经营。像麦当劳、肯德基的老板即使什么都不做，每个月也能够获得全球所有加盟店营业额的4%作为权益金——因为你加盟了他们，就得向他们缴管理费。

其实，一个成功者真正的财富，不在于他拥有多少金钱，而是他拥有时间和自由。因为他的收入来源都是属于持续性收入，所以他有时间潇洒地花钱。

因此，财务自由不是在于拥有多少钱，而是拥有花不完的钱，至少拥有比自己的生活所需要更多的钱。金钱数量的多少并不是问题的关键。问题的关键在于，我们怎样看待金钱，怎样根据自己的收入制订合理的开支计划。在获得财务自由的同时，我们还应关注精神的升华，获得心灵的宁静平和。

流动的金钱才能创造价值

财富的积累需要储蓄，但如果一直储蓄，不思投资，那么钱就成为死钱。你虽然不会为没钱生活而忧虑，但你也永远不能成为亿万富翁。钱就像水一样，只有流动起来了，才能创造更多的价值。

一位理财学者曾这样说过："认为储蓄是生活上的安定保障，储蓄的钱越多，则在心理上的安全保障的程度就越高，如此累积下去，就永远不会得到满足，这样，岂不是把有用的钱全部束之高阁，使自己赚大钱的才能得不到发挥了吗？再说，哪有省吃俭用一辈子，在银行存了一生的钱，光靠利滚利而成为世界上有名的富翁的？"

"不过我并不是彻头彻尾地反对储蓄。我反对的是把储蓄变成嗜好，而忘记了等钱存到一定的数目时拿出来活用这些钱，使它能赚到远比银行利息多得多的钱。还反对银行里的存款越来越多的时候，心里相应地有了一种安全感，觉得有了保障，靠利息来补贴生活费，这就养成了依赖性而失去了冒险奋斗的精神。"

不少人认为钱存在银行能赚取利息，能享受到复利，这样就算是对金钱有了妥善的安排，已经尽到了理财的责任。事实上，利息在通货膨胀的侵蚀下，实质报酬率接近零，等于没有理财，因此，钱存在银行等于没有理财。

每一个人最后能拥有多少财富，是难以预料的事情，唯一可以确定的是，将钱存在银行只能保证生活安定，而想致富，比登天还难。将自己所有的钱都存在银行的人，到了年老时不但不能致富，常常连财务自主的水平都无法达到，这种事例在现实生活中并不少见。选择以银行存款作为理财方式的人，无非是让自己有一个很好的保障，但事实上，把钱长期存在银行里是最危险的理财方式。

通常，人们对于成功者之所以能够致富，较正面的看法是将其归于其比自己努力或者他们克勤克俭，较负面的想法是将其归于运气好或者从事不正当或违法的行业。但是，真正造成他们的财富被远抛之于后的，是他们的理财习惯。因为理财方式不同，一般人的财产多是存放在银行，成功者的财产多是以房地产、股票的方式存放。

卡耐基身上曾发生过这样一则真实的故事。一次，卡耐基的邻居——一名老妇人把卡耐基叫到她的家中，央求他为自己办点事。

卡耐基说："老人家，您有什么需要我帮助的，尽管说吧！"

老妇人说："卡耐基先生，我知道，你是一个诚实的好人，我信任你。请你进来吧，跟我过来。"

她掏出钥匙，打开卧室的门。这间卧室简直就是一间密室，没有窗，只有一个窄窄的窗洞，门也很厚，关得严严实实的。

卡耐基随着老人进到这间密室，不知道这神秘莫测的老妇人要做什么。

老妇人锁上卧室的门，弯腰从床底下拖出一只皮箱。开了皮箱的锁，掀开盖子。

卡耐基定睛一看，满满一箱崭新的钞票！

"卡耐基先生，"老妇人说，"这是我先生留给我的钱，一共是10万美元，全是50元一张的钞票，应该是2000张。可是，我昨天数来数去，就只有1999张。是我人老了，没数对呢，还是真的少了一张呢？如果是真的少了一张，那就奇怪了，我从来没有拿出过一张钞票的。卡耐基先生，我请你来，是想请你帮我数一数。谁都不知道我私下藏了10万美元，我相信你，所以请你来帮我这个忙……"

卡耐基感到非常惊诧。

忙了老半天，钞票终于数完了，正好是2000张，10万美元。老妇人高兴得像个小姑娘似的跳了起来。

卡耐基抹了抹额头上的汗，说："老人家，您这么一大笔钱，为什么不存到银行呢？存起来的话，每年的利息都不下5000美元呢！"

老妇人沉默不答。

"像这样放在家里，反而让您提心吊胆，"卡耐基继续对她做思想工作，"如果存到银行里，不必担心会少了一张或几张，既安全，又有利息。"

老妇人心动了："就委托你去给我存上吧！"

等到卡耐基把存折给老妇人拿回来，老妇人把存折凑到眼前仔仔细细地看，见那上面有一行字。

"这一张小纸条就是10万美元么？10万美元，一整箱崭新的钞票就这么一张小纸条吗？"老妇人嘀咕着。

没过两天，老妇人又把卡耐基请了过去。她拿着那张存款单说:"卡耐基先生,这张轻飘飘的纸条,我心里怎么也不踏实。这不会是骗局吧?"

卡耐基说:"老人家,这不碍事的……"

老妇人紧接着说:"唉,卡耐基先生,我真的是放不下这颗心。我看不到我的钱,就觉得好像没有了似的。不瞒你说,以前我每天都要把那10万美元现钞数上一遍的。两天没数我的钱了,我都手痒难耐啦!卡耐基先生,再劳驾你一次,你马上就去银行把现款给我取出来吧!"

卡耐基无可奈何,只好照办了。

老妇人的做法其实是可笑的,如果那笔钱一直存在她的密室里。那钱就永远也不会增加,活钱变成了死钱,就像活水变成死水一样,不会长久。

一位成功的企业家曾对资金做过生动的比喻:"资金对于企业如同血液与人体,血液循环欠佳导致人体机理失调,资金运转不灵造成经营不善。如何保持充分的资金并灵活运用,是经营者不能不注意的事。"这话既显示出这位企业家的高财商,又说明了资金运动加速创富的深刻道理。

有的私营公司老板,初涉商场比较顺利地赚到一笔钱,就想打退堂鼓,或把这一收益赶紧投资到家庭建设之中;或把钱存到银行吃利息;或一味地等、靠稳妥生意,避免竞争带来的风险,而不想把已赢得的利润又拿去投资做生意赚钱,更不想投资到带有很大风险性的房地产、股票生意之中,从而造成把本来可以活起来的资金封死了,不能发挥更大的作用。

杰克早年并不富有,他家生活很艰难,但即使经济不宽裕,他的母亲总是尽一切力量在可能的时候，给他最特别的款待。无论何时她有了额外的钱，她一定会为孩子们买点什么。也许为杰克买一个新游戏机，或者带他们去看露天电影。由于孩子们通常消耗的只是生活所需，所以杰克想这也是他母亲给自己一些快乐的方式。杰克认为，他们总是一有了额外的钱就把它花掉，因此他们从来没有多余的钱可以存下来。

当杰克开始赚到可观的钱的时候，他注意到一些奇怪的现象。即使他的钱够开销，但是似乎每到月底仍然是一毛钱不剩。

多年以前，杰克想第一次投资置产。他知道他至少需要3万美元的现款，但杰克一辈子也没有存过那么多钱。所以他订出一个时间表，想在6个月以内存够钱。1个月要5000美元才行。这个数目似乎很遥远，但是杰克凭着信心就这么开始了。

你家里有没有一个专门放账单的篮子或是抽屉？一个你可能1个月会去看一次准备付钱的地方？杰克有。而他做的是把你称作"增添期款"的新账单放进档案里。每个月5000美元的账单看起来似乎很难达成，事实上，在最初一两个月杰克试着想不理它。不过他还是照计划执行，并且试试看有什么其他方式，可以确保这笔额外的账单可以和其他账单一块儿付清。

一件有趣的事发生了。因为杰克专心生财并且保住他赚到的5000美元，他愈来愈注意到他常把自己的钱轻率地随处散掉。他也开始留意一些他以前没有注意的机会。他也想到，他以前在工作上只会投注精力到某个程度，现在由于他必须有额外收入，他就在从事的事上投入多一点精力，多一点创造力。他开始冒比较大的风险，他要客户为他的服务支付更多的代价。他为他的产品开拓新市场，他找到利用时间、金钱和人力的方法，以便在较少时间内做完更多的事情。借着给他自己称作"头期款"的账单，他加强、放大了他一向就拥有的能力。

人的生命在于运动，财富的生命也在于运动。金钱可以是静止的，而资金必须是运动的，这是市场经济的一般规律。资金在市场经济的舞台上害怕孤独，不甘寂寞，需要明快的节奏和丰富多彩的生活。把赚到的钱存在手中，把它静置起来，不如合理的投资利用更有价值，也更有意义。

犹太人的金钱法则就是：钱是在流动中赚出来的，而不是靠克扣自己攒下来的。他们崇尚的是"钱生钱"，而不是"人省钱"。有个犹太商人说："很多人如果把钱流通起来，就会觉得生活上失去了保障。因此，男人每天为了衣、食、住在外面辛苦工作，女人则每天计算如何尽量克扣生活费存入银行，人的一生就这样过去，还有什么意思呢？而且，当存折上的钱越来越多的时候，在心理上觉得相当有保障，这就养成了依赖性而失去了冒险奋斗的精神。这样，岂不是把有用的钱全部束之高阁，使自己赚钱的机会溜走了吗？世界上哪有靠省吃俭用一辈子，在银行存了毕生的钱，靠利息滚利息而成为世界上知名的富翁呢？"

其实，经营者最初不管赚到多少钱，都应该明白俗话中所讲的"家有资财万贯，不如经商开店""死水怕用勺子舀"这个道理。生活中人们都有这样的感觉，钱再多也不够花。为什么？因为"坐吃山空"。试想，一个雪球，放在雪地上不动，它永远也不可能变大；相反，如果把它滚起来，就会越来越大。钱财亦是如此，只有流通起来才能赚取更多的利润。

第八章

利用财富雪坡:
让雪球自动越滚越大

资金的时间价值原理

所谓资金的时间价值，是指一定量资金在不同时点上的价值量的差额。举例来说，如果你曾经以银行按揭贷款的方式买房或购车，当你还款结束时，你所支付的货币资金之和，将远大于当初你从银行取得的贷款。我们将多支付的这部分资金称为利息，而利息的存在，则部分反映了资金的时间价值。

资金为什么会有时间价值，我们可以从两方面进行理解：首先，随着时间的推移，资金的价值就会增加。这种现象叫资金增值。从投资者的角度来看，资金的增值特性使资金具有时间价值；其次，资金一旦用于投资，就不能用于现期消费，牺牲现期消费的目的是能在将来得到更多的消费，这也是一种机会成本。因此，从消费者的角度来看，资金的时间价值体现为对放弃现期消费的损失所做的必要补偿。

资金的时间价值，有大有小，而这取决于多方面，从投资者的角度来看主要有：

（1）投资利润率，即单位投资所能取得的利润。

（2）通货膨胀因素，即对因货币贬值造成的损失所做出的补偿。近些年通货膨胀趋势较为和缓，国家统计局公布的 2013 年相关数据显示，2013 年全国居民消费价格总水平同比上涨 2.6%，即使如此，通货膨胀因素仍不容忽视。

（3）风险因素，即因风险的存在可能带来的损失所做的补偿。

具体到一个企业来说，由于对资金这种资源的稀缺程度、投资利润以及资金面临的风险各不相同，相同的资金量，其资金时间价值也会有所不同。

财务环节都在强调应收账款中回款的重要性，其中的重要原因是资金对于企业来说具有极大的时间价值，而不仅仅是以按照银行利率所计算的资金占用成本所能够弥补的。

在现实中我们经常会发现，一方面我们存在大量的资金（应收账款）被外单位无偿占用的情况，另一方面一些收益丰厚的项目无钱可投，所遭受的损失是该项投资的收益，以及占用时间内的通货膨胀率等，都是该笔应收账款的时间价值。

同时，应收账款没有及时回收还存在一定的风险性。应收账款作为一项被外单位占用的资产，在收取款项上债务人比债权人具有更大的主动权。应收账款的这种不易控制性，决定了应收账款不可避免地存在一定的风险，这种风险同样是其时间价值的构成因素。

对于企业而言，企业的盈利是靠资金链一次一次地形成和解脱积累形成的。在每一次有利可图的情况下，循环的时间越短越好。要实现利润的最大化，企业追求的应是资金循环的每次效益与资金循环的速度之积最大。

然而，如果企业存在大量应收账款，必然使企业的资金循环受阻，大量的流动资金沉淀在非生产环节，不仅使企业的营业周期延长，也会影响企业的正常生产经营活动，甚至会威胁企业的生存。特别是对于民营企业，由于银行融资相对困难，一旦出现应收账款迟迟不能收回的情况，便很有可能导致资金链的断裂，这时即使企业拥有良好的赢利能力，其生存也会受到严重影响。

不少企业的眼光只是盯住了利润，殊不知资金回款的及时性则关系着企业的生存。作为投资者必须要明确，资金的时间价值绝不仅仅是银行贷款利率所能够完全揭示的。

避免急功近利的短期操作

金融巨鳄索罗斯被认为是短期投资的高手，这往往给别人一种印象，认为索罗斯是标准的投机客，一定很缺乏耐心，专走短线。这其实是一种误区，他的确擅长短线投资，但是他也关注长期。

在投资市场上，需要的是稳健的长期投资，急功近利只会使投资者承担的风险更大。急功近利的短期炒作也许能赚到一点小钱，但却赚不到大钱。

短期炒作的关键在于快进快出，在频繁的交易中迅速地赚取差价。并不是说完全要杜绝短期操作，但在短期操作中盈利，这要求操作者的技术水平非常高。影响股价的因素千变万化，有宏观的、微观的、国内的、国外的。在错综复杂的情况下，任何一个不期而至的消息，都有可能彻底改变股市的走势。假如投资者稍有疏忽，就会掉入股市的陷阱，最终前功尽弃，甚至是血本无归。

短期炒作有其弱点，表现为投资是一个依靠复杂的分析和抉择的过程，在做每一项投资决策前，投资者需要从产品、市场、企业、政策等制约股价走势的各方面进行考虑，这需要相当多的时间和精力。要想在短时间内做出周全的考虑几乎不可能，既要频繁进出，又想不耽误日常的事务，必然会掉入自己设置的绳索里。股票投资的最大错误就是幻想着市场会跟自己的意愿运行，万一出现跟意愿背离的走势便没有资金和时间去降低亏损了，导致投资者越陷越深，最后彻底被市场吞灭。

从理论上讲，投资者想要通过短线投资取得良好的收益，必须具备以下条件：一是要准确把握住出入市的时机；二是要跟上市场热点的切换；三是信息要及时、准确；四是要有足够的时间投入。

一个华尔街的投资家曾经说过，短期投资是投票机，长期投资是称重机。短期内出现波动的情况经常存在，频繁地进行买卖，就可能会出现高点买进、低点卖出的局面，影响投资的收益，还增加了被套牢的风险。

但我们会发现，大多数的人还是选择了短期炒作。分析这一原因，就会了解很多的投资者对股市有着极大的恐惧心理，他们认为股市是变化万端的，比如他们在短期内获得一些利润的时候，就会被一种患得患失的心理左右着，这种情绪使他们昼夜难安，始终处于反反复复的衡量和思考中。在这种情绪的影响下，他们往往会抛售股票，以达到规避风险的目的。在他们看来，运用短线操作或者是在股市中频繁出入，是风险最低的投资方式。

事实的确如此，如果对某只股票缺乏足够的认识，那么这种心理就是自然而然的了。投资大鳄索罗斯分析，在实际的投资市场上，投资者由于对投资风险的无知造成对市场的恐惧，时刻对市场的逆转担心。所以短线投资的结果，往往是使投资者对市场整体的把握出现偏差，导致产生买在高处和卖在低处的问题，使最终的利益受损。

不单是索罗斯，在其他投资大师们眼中，短期炒作都应该是投资者尽量避免的行为。巴菲特对短期投资就给了这样的忠告：没有任何一个投资者能够成功预测股市在短期内的波动走向，对股市的短期波动进行预测是一种幼稚的行为，投资者应当尽量避免这种投资方式。

当然，我们也不能走向另一个极端，短线炒作就完全不可取吗？不是这样的。要想通过短线操作的方式来获取最大的收益，强势股就成了首选，只有强势股才能给短线操作赢得获利空间，但从价值角度来看，那些强势股票的价格已经都远远地超出其内在价值，越过安全边际的防线，这需要承担更大的风险。如果出现意想不到的利空时，强势股下行空间远远地大于在安全边际附近的弱势股，投资者便会在炒作过程中不知不觉地被卷入股海。

不过，也有投资者认为，短线操作的利润率比长期投资要高。他们把这种短期利润看作是成功的标志，甚至标榜自己的能力超过索罗斯和巴菲特。事实上，超过索罗斯和巴菲特的投资者恐怕并不多。

很多投资家都反对短期炒作行为，认为这是对市场没有益处的做法。一个真正懂得投资的投资者，从来不去追逐市场的短期利润，也从不因为某一个企业的股票在短期内出现涨势就去跟进。

索罗斯曾告诫投资者说："希望你不要认为自己拥有的股票仅仅是市场价格每天变动的凭证，而且一旦某种经济事件或者政治事件使你焦虑不安就会成为你抛售的对象。相反，我希望你们将自己想象成为公司的所有人之一。"这个忠告给广大投资者以极大的提醒和震撼。

避免急功近利的短期操作，这是建立在对投资十分了解和胸有成竹的基础上，它能够帮助你在投资市场上培养出冷静理智的投资心理，以应付不断变化的市场。

复利是投资成功的必备利器

复利的通俗说法就是利上加利，是指一笔存款或投资获得回报之后，再连本带利进行新一轮投资的方法。复利的计算是对本金及其产生的利息一并计算，也就是利上有利。本利和的计算公式是：投资终值 $=P\times(1+i)n$，其中 P 为原始投入本金，而 i 为投资工具年回报率，n 则是指投资期限长短。

有一个古老的故事，说的是印第安人要想买回曼哈顿市，到 2000 年 1 月 1 日，他们得支付 2.5 万亿美元。而这个价格正是 1626 年他们出售的 24 美元价格以每年 7% 的复利计算的价格。在投资过程中，没有任何因素比时间更具有影响力。时间比税收、通货膨胀及股票选择方法上的欠缺对个人财产的影响更为深远，要知道事件扩大了那些关键因素的作用。

以股市投资为例，如果投资者以 20% 的收益率进行投资，初始投资为 10 万元，来看一下他的赢利情况。

年份	资金额（万元）	累计收益率（%）
1	12	0.2
2	14.4	0.44
3	17.28	0.728
4	20.73	1.07
5	24.88	1.488
6	29.8	1.98
7	35.83	2.58
8	42.99	3.29
9	51.59	4.15
10	61.9	5.19
11	74.3	6.43
12	89.16	7.91
13	106.99	9.69
14	128.39	11.8
15	154	14.4
16	184.8	17.48

上面我们计算了以 10 万元投资作为基数，投资 16 年来的收益情况，如果平均一下，这 16 年的年收益率竟然达到 109%。假如你现在只有 30 岁的话，还有至少 40 多年的投资时间，仍然按照目前的收益率，从 10 万元开始算的话，你 40 多年后的收益就

会是相当可观的。

再假如，如果你的初始投资为 10 万元的话，如果你的年收益率是 30% 的话，持有 16 年后，你的收益为 678.4 万元，假如再投资 40 年就是 2450.3 亿元，按照目前的汇率 1：7，你就拥有 350 亿美元，假如 40 年后汇率变为 1：12 的话，你就拥有 1225.15 亿美元的财富，这看起来不可思议吧。

但问题在于，很少有人有这个耐心。你要坚持投资 50 多年，这期间肯定绝大多数投资者会做其他很多事，比如消费、犯错误。此外寻找长期收益率超过 30% 的投资业务也是很困难的一件事。

也许有人会质疑，短线投机的复利力量不是更大吗？答案是肯定的，但是前提是你的短期投机的次数要足够少，失败的损失要足够小，但是市场是很难预期的，而短线却恰恰依赖于精确的判断。

每天的投资行情，我们只能靠企业的成长获得可靠的收益，忽略中间的过程，只重视结果。所以短线客大部分都是不能赚钱的，而价值投资者却往往领先这些短线投机者。

如果是一个刚工作的年轻人，每年节省下来几万块钱，放在比较稳健的长线股里，在复利的作用下，就能使个人在中年或老年时轻松积累巨额的财富。如果他能够每年多投入几千元，那么退休时的财产积累将会更多。如果通过个人财富管理能够多获得几个百分点的收益率，最终他的财富将成倍增加。

复利的关键是时间。投资越久，复利的影响就越大。而且，越早开始投资，你从复利的效果中赚得越多。所以，只要拥有耐心、勤勉的投资努力，任何人都能够走上亿万富翁之路。

运用杠杆原理实现投资

用小钱赚大钱，这门技术就运用到了杠杆原理。从某种程度上来说，杠杆原理的使用可以增加你的购买力，使你不断增加自己的财富。

在投资过程中运用杠杆原理，远比你想象的要普通，比如说，当你进行抵押贷款的时候，你实际上是在运用杠杆原理来支付你无法用现金兑付的某样东西，而当你偿付了抵押贷款后，你就可以在资产卖出中获取利润。此外，投资者也可以将杠杆原理运用到股票投资的保证金交易中。在这个场合中，可以用自己的钱加上从股票经纪人那里借来的钱来购买股票。如果股票上涨，你可以卖出而获取盈利，然后将借的钱和借款利息归还，剩余的钱投资者便可以收入囊中了。

用自己很少的钱进行投资，使用杠杆原理，你可能会比正常投资所获得的回报更多。举一个例子来说，如果你自己出 5000 美元，又借了 5000 美元做一笔 10000 美元的投资，然后又以 15000 美元出手，那么你赢利的是以 5000 美元赚取了 5000 美元，换句话说，你的投资回报率是 100%。如果没有采用杠杆，你全部用自己的钱来投资，则只是在 10000 美元的投资基础上实现了 5000 美元的赢利，或者说是获得了 50% 的回报率。这就是拿银行的钱去赚钱的投资杠杆方法。

从投资理财的角度去看，如果你的资产回报率高于你的融资成本的话，你就尽可能地去银行借钱，利用杠杆挣钱。银行的钱有助于你的自有资金发挥四两拨千斤的效果，大大提升你的自有资金回报率，获得远超越市场平均收益率的回报。

以房产投资为例，在过去的几年时间里，上海房价平均每年上涨 15% 以上，假如你在前几年做了小户型房地产投资，每年的投资回报在 15%，也就是说在买房子时，70 万元的房子，三年后可能价值上涨到 105 万元。如果三年后以 105 万元抛出手上的房产，所获得的毛利是 35 万元左右，扣除税收及费用，获利 30 万元。此外，三年来的房租回报率按 5% 算，约 10 万元。加在一起，三年来，你的房产收益可达到约 40 万元。

再从投资的角度来看，如果当初你是全部自己付清房款，那么需要付款 70 万元，三年的房产收益约在 40 万元。也就是说，这三年来你的回报率约是 60%，年回报率是 20%。

如果你当初是从银行获得 70% 的按揭贷款，三成首付，那么你自付资金只是 21 万元，加上税费等也就在 23 万元左右。这与你目前所获得的收益 40 万元相比，你的自有资金回报率接近 200%！也就说，你用 23 万元钱，在三年内赚到了约 40 万元，你的年回报率在 60%！3 倍于你全额付款的投资回报，或者理解为用 70 万元可以买三套同样的房产，投资利润可以做到 3 倍。

任何事物都是具有两面性的。虽然在投资中运用杠杆原理会增加投资者的收益，但也会给投资者带来巨大的风险。因为一旦拖欠贷款，即便是你以前一向有规律地支付贷款，贷方也会收回你的房屋。因为投资杠杆一般要求你抵押一定价值的物品来把握你的财务合伙人投入资金数量的风险。如果你卖出的资产总额不足以偿还借贷，那么你仍然应该向贷方支付剩余的款项。

如果你以保证金来购买股票，一旦你的股票低于相应的购买价格所预先设定的百分比，你必须上缴一定数额的保证金，以便你的股票经纪人的那笔钱不处于危险之中。况且如果你割肉的话，你仍然必须偿付全额的保证金。这些都是运用杠杆所遇到的可能风险。

运用杠杆性投资的波动越大，带来巨大损失的风险性越高。作为投资者，必须要记住，如果遭遇下行，杠杆原理会让你损失的钱会比你的投资还多，而这种情况在没有运用杠杆性投资的时候是不会发生的。

定期定额的投资方法

采取定期定额投资，是指定期用约定的扣款额进行投资，它的最大好处是平均投资成本，避免选时的风险。通过定期定额投资计划购买标的可以聚沙成塔，在不知不觉中积攒下一笔不小的财富。定期定额的投资方式，因为简单不繁复，因而被人称为"傻瓜投资术"。即使是这种"傻瓜投资"，实际上也没有大家理解中的那么傻，有不少投资窍门可以提高投资效率与报酬率。

一提到定投，人们首先想到的是基金。但事实上，除了基金之外，不少理财产品都已成为定投的对象。比如储蓄，把平时运用到生活必要支出之外的资金积攒下来，以小变大，获得利息收益的同时，通过定投养成良好的投资习惯。以储蓄投资来说，储蓄的方式不仅有定期储蓄，零存整取储蓄、定活两便等都是可以达到定期定额投资的方式。

保险投资也可用于定期定额投资，如寿险有三种定投的类型，它们分别为：寿险储蓄型、寿险保障型、寿险分红型。根据自身及家庭的风险偏好程度选择不同的寿险产品，寿险的产品中既有养老医疗保险，还有子女教育、婚嫁、创业、投资等产品，产品种类丰富，有利于我们进行定期定额的投资工作，而不必费太多的心思。

再比如我们所熟悉的基金定投。开放式基金具有专家理财、组合投资、风险分散、回报优厚、套现便利的特点，定期定额投资开放式基金对于一般投资者而言，不必筹措大笔资金，每月拿出一点闲散金钱投资，不会造成经济上额外的负担。当基金净值上涨时，买到的基金份额较少；当基金净值下跌时，买到的基金份额较多。这样一来，"上涨买少，下跌买多"，长期以来投资者就可以有效摊低成本。

房产投资也有定投的影子。如今，利用房产的时间价值和使用价值获利的投资方式已逐渐被人们所接受，通过银行按揭贷款为家庭购置房产，每月缴纳一定的贷款本息，也可以算是一种不错的定期定额的投资方式。这种投资方式需要注意两点事项，其一房产不能购置太多，一个家庭两套房产比较适宜，自己住一套，一套用于投资，因为不动产投资变现能力较差，投资成本很高，贷款所缴纳的利息很多，所以适合有相当经济实力的投资者做中长期投资。其二房产投资应考虑市场价格、地理位置、周围环境、销售商资质、施工质量、配套设施、升值空间、租赁价格、利息支出等诸多因素，它同时面临投资风险、政策风险以及经营风险。

我们在投资时，一般都会考虑投资时点，而定投相对而言，不用过分考虑投资时点，只要对市场前景看好，就可开始投资，将人为主观判断的影响降到最低。定投的收益有复利效应，本金所产生的利息加入本金继续衍生收益，随着时间的推移，复利效果越加明显。定投适用于长期理财目标，充分体现投资的复利效果，在制定退休养老、子女教育等长期理财规划时，定投可以作为较为理想的投资方式。在投资市场上，一些商业银行推出的理财产品已经具备了这一特点，还采取了更加灵活的投资方式，可以自动按照客户指定的日期、指数、均线按照一定比例的金额进行每月定投申购，既提升定投申购的功能，又提高投资的效率。

定期定额投资可有效克服投资者对市场震荡的焦虑。绝大多数投资者往往是在市场最疯狂的阶段，大量买进；而在市场最低迷的时候，斩仓出局。"追涨杀跌"已经成了家常便饭，往往陷入投资亏损而影响心情乃至生活。而如果采用定期定额的投资方法，只需要每个月固定投资一笔钱在一个定投组合上，市场上涨时，定投会帮我们减少投资的份额，克服人们潜意识里的贪婪；市场下跌时，定投会帮助我们增加投资的份额，克服人们潜意识里的恐惧。假如市场真的是不可预测的，用这种方法没准我们可以捕捉到市场平均成本。假如投资者坚信市场的中长期趋势是向上的，如果我们能在一个估值相对合理的区域开始定投，然后经历市场低估、反弹，最后再在市场高估时选择抛出。那么，赚钱也并非是一件遥不可及的事情。

虽然说定期定额投资具有稳定性，但是当市场不好时，定期定额绩效难免受到影响，尤其是投资人若累积的时间不够长，或市场长久处于表现不佳的情况下，定期定额投资的基金还是会被套牢。这种情况下应该继续扣款，还是应该转移市场？这是很多投资人心中的疑问，尤其是看到报酬率连续几个月都赤字时更焦虑。

投资专家表示，这时可以先厘清以下问题再来确定怎么做：

1. 市场是否处于空头趋势

若是空头趋势，所有的投资资金都有可能同样面临套牢命运，投资者不必停扣，更没有必要转换投资品种从头开始。若为多头趋势修正，表示市场仍处于多头，投资者若因为一时的套牢就停扣，将非常可惜。

2. 该投资产品的基本面

若所投资的产业或区域的股市下跌，属于良性修正，基本面未转坏，投资者应该持续扣款，甚至把握机会利用单笔加码买进。反之，若是基本面出了问题，这时候投资人才应该考虑把手上的套牢投资资金，转换到其他未来较具上涨潜力的投资产品上。

持有时间决定获利概率

优秀的投资者不必进行频繁的操作，他们照样能投资获利。喜欢频繁操作的投资者，在做出投资决策时要么考虑不周，对自己的决策信心不足；要么心理素质不高，容易被外界因素干扰，甚至怀有"这山望着那山高"的侥幸心理。

频繁的操作会给投资带来很多麻烦，甚至会导致整个投资的失败。市场中很多投资者，原本对市场走向判断准确，并且及时出手，抓住了不错的投资机会，却因为频繁地进出市场，而无形中提高了成本，没能获得本应到手的利润。在这些投资者尚未察觉频繁操作的危害时，索罗斯却已经看到了频繁操作的几大害处。

　　不少投资者容易被市场的价格波动所左右，频繁地买进卖出。更有投资者盲目将频繁的买卖操作当作具有高超投资技巧的一种表现。事实上正相反，频繁的操作正彰显了投资者经验缺乏，技巧拙劣。

　　其中最为明显的害处就是，频繁的操作会提高投资成本。在金融市场上进行投资活动，毫无疑问，每一个投资者的最终目的都是获取利润。为了利润的最大化，投资时花费的成本当然要尽可能地压低，这是所有投资者的共识。

　　遗憾的是，许多投资者在进行实际操作时，根本没有意识到节约成本的重要性。许多投资者在进行投资之前都会绞尽脑汁去思考如何降低投资成本，可一旦进入市场，就完全被上下波动的价格走势所左右，将之前计划的成本预算抛诸脑后，不停地围绕着价格进行频繁地买卖操作。他们就在这种无意识的行为中，把本应收获的利润，交给了政府和证券经纪人。当投资结束，投资者想当然地认为自己获利颇丰时，却在最终交割清算时发现，自己获得的投资收益仅仅够支付交易税款和经纪人佣金，真正到手的实际利润大打折扣，少得可怜。

　　作为一名足够精明的投资者，会在进行投资决策之前对所要花费的成本进行周密的计算，当然也包括交易成本。所以，每次投资他都会尽量减少操作次数，以避免支付过高的交易费用。每次进入市场，投资者都应仔细分析，绝不能只看着市场行情走好就贸然进入。而即便是他已经找好了投资对象，制定好了投资策略，他也会耐心等待最好的投资价位，在行情到达了最合适的价格上果断出手，大量做空或做多。在他认为最佳的退出时机到来之前，他绝不会被市场正常的波动所干扰，而是静静观察市场走向，绝不贸然行动。在索罗斯的投资生涯中，大多数时候他只进行三次操作，一次用少量的资金探明市场走向，一次大量买进等待获利，最后一次获利了结退出市场。这样简单且没有重复性的操作，就可以把交易成本压到最低，避免一些不必要的损失，使利润达到最大化。

除了提高投资成本，频繁的买卖操作还有另一个很大的危害，那就是会导致投资机会的错过。金融市场时刻处于波动之中，要掌握一次真正的投资机会并不容易。所以，相比于交易成本的提高，失去一次不错的投资机会更不能被投资者所容忍。频繁的操作很可能会将原本的投资计划和投资项目全盘打乱，投资者会在频繁的操作中变得患得患失，只顾时刻盯紧证券价格的变化，而忽视了更重要的因素，平白丧失了获利机会。例如有许多投资者经过长时间的分析研究才找到一个好的投资机会，却往往由于在投入资金以后，对证券价格的变化太过敏感，一见有亏损便轻易采取了止损手段，或是在获得了少量回报后就急急忙忙了结退场。这些正是习惯于频繁操作的投资者容易犯下的错误。

很多投资者常常是在投资对象小幅升值以后，就开始害怕市场回调，损失已经到手的利润，于是将其持有的证券轻易卖出，觉得这样就可以先小赚一笔利润，同时还可以等价格降低以后再重新投入资金。可市场往往不会给他们第二次机会，价格并没有像他们预想的那样回落，而是在他们卖出以后持续走高。此时如果追高买入，就提高了成本，不但没能赚钱，反而亏蚀不少；如果死等价格回调，更可能就此失去这次投资获利的机会。

短线交易的难度其实更大于长线投资，即使运气好，也不过是挣点蝇头小利。因为投资者缺乏足够的定力，常常在买进几天之后就匆匆卖出，然后再去寻找另外一只股票继续做短线投资。市场上经常可以见到的景象是，某位投资者在卖掉一只股票之后，它的价格很快就开始上涨，然后他就只能对着这只股票懊悔不迭。经过几次这样的交易后，投资者损失的不仅是宝贵的本金和交易成本，还有投资股票的自信。投资者心理上变得越来越脆弱，再也经受不住证券市场的任何风浪。

同时，频繁地进出操作还会牵制住投资者过多的时间和精力，使他们无暇顾及市场中的其他机会。优秀的投资者深谙这一道理，所以他们总喜欢将资金一次性大量投到看好的投资对象上，然后就静待最佳退出时机的到来。在等待的时间里，他们从不会花心思去重复买卖，而是密切关注市场中其他的投资机会。

不少投资家都愿意长期持有某项投资品，关于这点，投资大师巴菲特曾这样解释说："如果你在一笔交易中挣了125美元然后支付了50美元的佣金，你的净收入就只有75美元。然而如果你损失了125美元，那么你的净损失就达到175美元。"

因为如果你全部的短期投资中只有一半能够赢利，那么你很可能由于佣金和交易费用的原因在长期中损失自己的全部资金。短期投机交易就失去了它身上的光环。人们已经完全明白骰子只能用于娱乐，你永远也不会通过掷骰子来赚钱。然而依靠时间，却能大大提高你的获利概率，为什么不这么做呢？

从上面这个现象可以看出如果投资者想通过短期的交易获得8%的收益率的话，必须要有三次成功的交易才能弥补上一次的失败交易。意思就是，短期投资者必须保证75%的交易是成功的才不至于损失。可见这个概率就变得很小了。因为股票市场是完全随机无法预测的，就像掷硬币游戏出现正面和反面的概率是一样的，下一桩股票交易的价格上升还是下降的概率也几乎完全一样。从长期来看，任何人在这样的游戏中都只有50%的概率能够赢利。

说明这样的情况很简单，假如你有10万元的初始资金，如果你在一年之内交易了100次，按50%的概率来算，平均每笔获利500元，那么意味着另一半每笔遭受500元的损失。到年终的时候，综合一年的赢利就会为零。这是理想的情况，实际上并非如此。假如再把你每笔交易（买卖）的佣金费用（50元）算进去的话，那么到年终时你的资金实际上已经损失了1万元。假如你这一年的眼光不错，投资盈利的概率在60%，那么就意味着你的这100次交易有60%都是赢利的，你还是处于亏损的边缘。假如你想获得10%的收益的话，这就要求你70%的交易都是能够赢利的，如果更有点野心，要达到年收益率到20%的收益，这时候你必须要有80%的交易都保证赢利才可能达到，而这样的投资赢利概率是比较低的。

短期交易会引起股票定价上严重的不一致性，从而导致投资者不理性的行为并滋生投资者对股市的片面理解。"只有理性的股东才能形成稳定的、理性的股价。"1988年巴菲特在给基金股东的一份信中这样写道。从整体的角度看，股市交易就像是经济体系的一个巨大的抽水机，它将资金从生产领域抽出并投入金融领域。

投资期限越长越好，根据统计，当你一直持有投资，有2/3的时间你是会获利的。长期投资的另一个好处就是减少交易成本，许多人亏损就是因为交易太频繁，获利的部分都被金融机构以交易费的名义赚走了。

巴菲特曾经半开玩笑地说，美国政府应该对持有股票不超过一年的资本交易征收100%的税。"我们大多数的投资应当持有多年，投资决策应当取决于公司在此期内的收益，而不是公司股价每天的波动。"20多年前他曾对《奥马哈世界先驱报》的记者说："就像当拥有一家公司却过分关注公司股价的短期波动一样，我认为在认购股票时只注意到公司近期的收益一样不可思议。"

巴菲特曾说："考虑到我们庞大的资金规模，我和查理还没有聪明到通过频繁买进卖出来取得非凡投资业绩的程度。我们也并不认为其他人能够这样像蜜蜂一样从一朵小花飞到另一朵花来取得长期的投资成功。我认为，把这种频繁交易的机构称为投资者，就如同把经常体验一夜情的人称为浪漫主义者一样荒谬。"

普通投资者也许能从巴菲特的这些话中得到投资的一些启

示吧。

在金融市场上，有一个非常普遍的现象，就是常赚钱者不常操作，常操作者不常赚钱。而索罗斯也曾说过这样一句话："工作量和成功恰好成反比。"这句话包含两层意思，一层是等待投资时机时要有耐心，要经受住时间的考验；另一层就是在投资时要减少操作次数，不要贸然进出市场。所以，频繁操作是投资者的大忌，一定要尽量避免。

专注于自己的投资目标

有句谚语是这么说的：智慧的人把复杂的事情做简单，愚蠢的人把简单的事情弄复杂。其实投资市场并没有想象的那么复杂，人生要想获得财富上的成功，必须专注于自己的投资目标，往往最简单直接的方式是最有效的。

哥伦布发现了一个新大陆，当时有很多人都跑来向哥伦布表示祝贺。皇室也特意为哥伦布举办了盛大的庆功宴，请他讲述探险中的一些故事，大家都围坐在一起津津有味地听着，这时一个嫉妒哥伦布的大臣不屑一顾地揶揄道："哼，地球是圆的，任何一个人只要坐船去航行，就可以达到大西洋的那一端，都能发现新大陆，这有什么值得奇怪和炫耀的？"另外几个大臣也随声附和，觉得这个大臣说得也有道理，宴会的气氛有些尴尬。

这时，哥伦布的捍卫者和朋友都为哥伦布辩解，他们知道航海旅行远没有嘴上说的那样轻巧，而是困难重重，不是每个人都可以做到的，但是他们还没开口，哥伦布已经叫人去拿了几个煮熟的鸡蛋过来。

哥伦布把鸡蛋放在大厅的饭桌上，然后邀请刚才对他表示怀疑的几个大臣一起来做一个简单的游戏，人们聚集在他们周围。哥伦布说："这个游戏其实很简单，只要你们谁能把鸡蛋竖在桌面上，谁就是最后的胜利者。"大臣们试验了好几回，每次鸡蛋都无法立起来，他们认为这根本就是不可能的事情，鸡蛋根本就无法立在桌子上。

正当大家都纷纷表示不可能做到时，哥伦布拿起一个鸡蛋，使劲向桌面砸去，鸡蛋的一端被砸碎了，同时也稳稳地立在了桌子上。

这个小故事也给投资者们以一定的启示，只要坚定目标，就一定能设法达到。经过了几百年的发展，至今已经形成了纷繁复杂的投资市场。在投资市场上可供选择的工具五花八门、种类繁多，除了传统的物业、股票、储蓄、债券以外，黄金、期权、期货等投资工具也日益流行起来，以致初学者刚一接触，往往感到无所适从。他们在面对那些复杂的分析方法时往往走向了两个错误的极端：一个是高山仰止，对于那些所谓专家的专业术语敬仰崇拜，然后用各种理论生搬硬套，唯独放弃自己的清醒头脑；另一个就是干脆放弃学习相关的投资知识，纯粹跟着感觉走。这两种方法对于一个聪明的投资者来说都是不可取的。

一般人都会以为，投资是那些银行家们"聪明的脑袋"设计出来的游戏，听起来越是高深的产品，就越有可能赢取更大利益，其实不然。美国发生的次级房贷风暴就是一个最有力的证明，美国次贷危机带给全世界投资人最大的启示就是，复杂的财务金融工具未必是投资的万灵丹。在投资的过程中，要专注于自己的目标，而不要被复杂的金融工具绕晕了自己的头脑。

用专注的方式创造财富的奇迹不胜枚举，比如，比尔·盖茨只做软件，成为世界首富；巴菲特专做股票成为亿万富翁；英国女作家罗琳，40多岁才开始写作，只写哈利·波特的故事，竟然也成了亿万富婆。这也可以证明，专注，就有赚大钱的机会。

投资大师巴菲特专注于自己的投资目标，他的专注是他投资获利的重要原因。虽然住在偏远的故乡小镇奥马哈，房间里只有简单的几样东西：报纸数据、年报和电话，但是他却可以做出最精确的市场判断。巴菲特有一个很独特的方法，就是"用脚跟切实地感受市场的温度"。比如在半年以前，到一些餐厅吃饭，需要排上一个小时的队，但是当他不用排队随时去都可找到空位时，显然说明美国的经济比半年前衰落了很多。而巴菲特购买股票的操作策略也再简单不过了："买便宜货"，然后持有，等到价格上涨后再卖出去。巴菲特在一次演讲中，向听众谈到他的致富之道的时候，他只说了几个字：习惯的力量。只有当你习惯了做一些事情，长期去实施，不断地重复简单的过程就是成功的要诀。关掉外面嘈杂的声音，回归理财的初衷，用自己最熟悉的投资工具，最简单的策略，不管是长期投资也好，低买高卖也好，就会看到专注投资带来的力量。

对市场投资的初学者来说，每天周旋在看不完的经济数据当中，是不可取的。你会发现看得越多反而越复杂，越不知所措。

面对复杂的环境，专注于自己的投资目标，找出适合自己投资性格的简单投资工具，那么就算你面对多么险恶的投资环境，也无法阻碍你财富的稳定增长。

挖掘被忽视的"金矿"

在投资市场上，人人都在寻找金矿，如果可以赶在别人之前找到并挖掘它，则获得的利润将会让旁人羡慕。在金融投资方面，有很多金矿，只不过金矿大多埋藏在深处，需要有眼光的投资者去挖掘，金矿可能就是冷门股票中的某只潜力股。

投资大师就像是一个金矿勘探者，知道自己在寻找什么，并且大体知道自己应该到哪里去找，此外，他还配备有全套的勘探工具。他不仅会在那些大家公认的金矿中与别人一起抢金子，也会把目光投向那些罕有人迹的被人忽视的金矿，在那些被别人认为是"垃圾"的废弃的金矿中，挖出一桶桶的金子。

1996 年，巴菲特在致股东的信里写道："当然股东持有股份的时间越长，那么伯克希尔本身的表现与该公司的投资经验就会越来越接近，在他买进或是卖出股份的股票价格相对于实质价值是折价或溢价的影响程度也会越来越小。这正是我们希望能够吸引长期投资者加入的原因之一。总的来说，从这个角度来看，我们做得相当成功，伯克希尔公司大概是美国大企业中拥有最多具有长期投资观点股东的公司。"

巴菲特选择投资标的物时，从来不会把自己当作市场分析师，而是把自己视为企业经营者。巴菲特选择股票前，会预先做许多功课，了解这家股票公司的产品、财务状况、未来的成长性，乃至潜在的竞争对手。他总是通过了解企业的基本状况来挖掘值得投资的"不动股"。

事实上，我们也要学习巴菲特挖掘值得投资的"不动股"的方式，事先做好功课，站在一个较高的视角，提供一种选股思路。我们要发掘的值得长线投资的"不动股"是价值被低估的股票。

金融投资大师索罗斯思想独特，在经济方面有敏锐的直觉，加上几十年如一日、不间断地研究市场，不断强化自己的理论，使他更容易发现常人难以察觉到的细微变化。正是通过这些看似平常的信息，索罗斯挖掘到了常人难以想象的金矿。

索罗斯被人们所熟知的是他对避险基金的熟练运用。在1969年，他创立了第一个属于自己的避险基金——双鹰基金，即后来的量子基金。他着手避险基金交易投资时，世界对这种投资方式几乎还是一无所知。到20世纪90年代，这种情况已经发生变化，索罗斯也因此成为所有避险基金交易投资者中的领袖。量子基金在索罗斯的带领下创造了一次次的神话，创造了巨额财富。在20世纪70年代，索罗斯还没有像现在一样被世人熟知，也没有被称为"金融大鳄"，当时他和罗杰斯成立了一家公司，他们不停地挖到各种"金矿"。

例如，在1972年，索罗斯偶然得知一个消息，根据商业部的一份私人报告，美国经济发展依赖于外国的能源。因为这个消息，索罗斯敏感地意识到能源股票可能会上涨。于是，索罗斯大量收购石油钻井、石油设备和煤炭公司的股票。一年之后，即1973

年，阿拉伯国家原油禁运，引起能源业股票飞涨。

1973 年 10 月，埃及和叙利亚武装部队大规模地进攻以色列。以色列由于武器装备落后等原因，处于防御状态。索罗斯由此联想到美国的军事技术很可能也过时，当美国国防部意识到这点时，必然会花大量的经费去更新武器装备。当时，大多数投资者对投资军工企业都没有丝毫的兴趣。因为美国自从越南战争后，军工企业就处于亏损状态，没有人愿意再往里面投钱。但对于索罗斯来说，这可是一个难得的金矿。1973 年、1974 年索罗斯都在密切地关注军事工业。在 1974 年中期，乔治·索罗斯旗下的基金购买了诺斯罗普公司、联合飞机公司和格拉曼公司的股票，即使是面临倒闭的洛克洛德公司，他也进行了赌博性的投资。因为索罗斯掌握了一条关于这些公司的十分重要的信息，它们都有大量的订货合同，通过政府补给资金，在近几年中可获一定利润。果然，索罗斯通过购买这些股票不久便开始获得巨额利润。

索罗斯所购买的股票，通常是我们今天所说的垃圾股，然而这些所谓垃圾股确是不折不扣的金山。因为索罗斯独具慧眼，他从垃圾股中获得了丰厚的回报。通常垃圾股的股票价值最容易被低估，投资者往往将这样的公司直接忽略掉。正因为此，如果选择正确，一旦这些公司转变形象，业绩回升，就会给在低点买进的投资者以丰厚的回报。那么在今天的中国股市上，是否也存在与当年索罗斯很相似的机会呢？答案是肯定的。

在千禧年之前，"ST 通机"（600862，SH）就曾经引起市场的瞩目。此股在 1998 年年初的股价为 4.9 元左右，但是到 1999 年 7 月 30 日达到 38.5 元，翻了 7.8 倍。如果能在恰当的时候买进和卖出，那么利润是可观的。"ST通机"于1994年5月上市，公司前身是国有企业南通机床厂。虽然成功上市，但是却因为经营不善，在1998年6月5日，股票简称由原来的"南通机床"变成"ST通机"。

南通机床被冠以ST后不到20个工作日内，就与江苏省技术进出口公司进行了资产重组。这次重组使企业起死回生，在1998年不仅实现扭亏，同时取得不俗的经营业绩。公司实现每股收益0.27元，净资产收益率达13.54%，并在1999年6月摘掉ST帽子。

这只股票能获得这样的涨幅，是有一定的原因的。有分析人士指出，南通机床厂是江苏省的一家重要的国有企业，对地方经济作出过重要贡献，而且它的第一大股东是"南通市国有资产管理局"，所以当它被冠上ST后，一定会引起当地政府的高度重视，为它寻找出路，其中资本重组就是一条捷径。

与江苏省技术进出口公司重组后，两者的优势得到充分发挥。南通机床厂是国内机床行业中唯一能批量向发达国家出口数控机床的企业，其设备和技术能力，尤其是数控机床的开发力度，在国内首屈一指，但它缺乏市场观念，不知道该生产什么、产品往哪儿销。江苏技术进出口公司是一家外贸企业，开拓国内外市场是它的强项，两者结合，恰好形成优势互补，所以两者重组后，在短短一年内便创造了奇迹。如果有股民一直在关注这只股票及其公司的话，一定可以嗅出其中的重大变化，及时买进和卖出这只股票，并从中赚得利润。

当然，的确不是所有人都能像索罗斯一样具有发现金矿的能力，这需要足够多的专业理论知识、大量的实战经验、不同于常人的思维方式、不断地突破自我的勇气等素质。对于一般投资者而言，只要多观察多比较，也能发掘金矿。投资者一定要记住，虽然炒垃圾股的获益较高，但其风险远大于大盘股，仅适合进行短线操作。因此，这更需要股民具有敏感的市场嗅觉，必须做到眼疾手快、胆大心细。

事实上，最差的股票一旦翻身，其价值是惊人的。同时由于是在股票最低时购买的，赚取的差价也是既可靠又安全。发现和寻找股票的内在价值，几乎成为一个优秀的投资家必不可缺的能力。

学会用"钱"赚钱

用"钱"赚钱是一门高深的学问，不能一言以蔽之。市面上理财书籍教的致富方法，大多是以投资工具为媒介，只要懂得善用投资工具，就能实现投资赚钱的目的。

刚参加工作的花明在一家国有企业的工会工作，那几年看到不少同事下海经商，事业有成，她也曾动过心，但毕竟单位的各种保障和福利还不错，她不想轻易丢掉这份工作而去涉足商场的风险。在几番权衡之下，她并没有下海，而是决定利用积蓄投资理财。

有了第一笔积蓄后，她没有将钱存银行，而把积蓄买成了国债。结果5年下来，算上利息和当时的保值贴息，她的积蓄正好翻了一番！然后赶上股市当时行情不错，花明又果断地把这笔积蓄投入到了股市中。几年下来，股票总值也收益颇丰！

花明并未被胜利冲晕头脑，而是见好就收，把股票及时抛掉，又买成较稳定的国债。2004年初，她又将到期的国债本息一分为二，分别买了两年期信托和开放式基金，信托产品的年收益为6%，这样的投资回报率虽然不算高，但也算是比较稳定。这样算起来，自2004年以来，短短三四年时间，她的理财收益就突破了10万元，已经远超她的年工资收入了。

我们只有靠自己的大脑，靠钱来赚钱，才能开辟更广阔的财富天空。除非对财经领域已经有点研究，最好还是采取较为稳健、不贪心的做法，我们不鼓励用自己的辛苦钱去买经验，否则，失败造成的阴影，恐怕会破坏以后对投资的信心。

投资标的成百上千种，如果不懂该买什么，也没时间看盘，最简单的方式就是"站在巨人的肩膀上面"，投资稳健、优质的企业，让你的资产稳定增加。

如果每个月你有节余700元，能用来做什么？下几次馆子，买几双皮鞋，700元就花得差不多了吧。你有没有想过，每月投资这700元，你就能在退休时拿到400万元呢？

为什么每月投资700元，退休时能拿到400万元呢？那就是不断投资发挥的重要作用。假如现年30岁的你，预计在30年后退休，假若从现在开始，每个月用700元进行投资，并将这700元投资于一种（或数种）年回报率15%以上的投资工具，30年后就能达到你的退休目标——400万元。如下表：

年龄 （岁）	年度 （年）	每月投资 额（元）	各年度投资 本金（元）	每年度回 报率15%	总金额 （元）
30	1	700	8400	1.15	9660
40	10	700	170551	1.15	196134
50	20	700	860526	1.15	989605
55	25	700	1787461	1.15	2055581
60	30	700	3651859	1.15	4199638
65	35	700	7615277	1.15	8757569

从上表可以看出，只要你从30岁开始每月投资700元，30年后，你的退休生活将会很舒适。这就是利用了复利的价值。复利投资是迈向富人之路的"垫脚石"。

曾经，"零存整取"是普通百姓最青睐的一种储蓄工具，每个月定期去银行把自己工资的一部分存起来，过上几年会发现自己还是小有积蓄的。如今，"零存整取"收益率太低，渐渐失去了吸引力，但是，如果我们把每个月去储蓄一笔钱的习惯换作投资一笔钱呢？结果会发生惊人的改变！这是什么缘故呢？

由于资金的时间价值以及复利的作用，投资金额的累计效应非常明显。每月一笔小额投资，积少成多，小钱也能变大钱。更何况，定期投资回避了入场时点的选择，对于大多数无法精确掌握进场时点的投资者而言，是一个既简单而又有效的中长期投资方法。

对于普通投资者而言，"用钱赚钱"必须注意如下三点：

第一，树立正确的理财意识。

拥有"第一桶金"后，要树立理财意识，排除恶性负债，控制良性负债。

第二，多看理财类专刊。

没有人天生会理财，建议你多看理财类报刊文章，逐步建立起理财意识与观念，或者认识一些专业的理财人士。

第三，设定个人财务目标。

理财目标最好是以数字衡量。建议你第一个目标最好不要定太高，以 2~3 年为宜。